오늘을 바꾸는 과학

오늘을 바꾸는 과학

울림 지음

동아시아

들어가며

"내가 흘려보내는 평범한 오늘은, 누군가 간절히 원했던 내일"이라는 말이 있다. 많이 들어보아서 별 감흥이 없다고 생각할 수 있지만, 조금만 생각해 보면 인생에서 이런 순간을 한 번쯤은 맞이했던 것이 떠오를 것이다. 어릴 적 선생님께 들은 말 한마디로 꿈이 생겨나고, 우연히 만난 이가 평생의 짝이 되기도 하는 등, 오늘 겪은 사소하다고 생각한 일이 나의 인생을 변화시키는 순간을 말이다.

이 책은 지나기 전에는 알 수 없을, 평범하다고만 생각했던 오늘을 특별한 오늘로 바꾸어 주는 이야기들을 담고 있다.

이쯤에서 내 이야기를 해보자면, 나는 어릴 때부터 책을 무척 좋아했다. 책이 펼쳐 내는 세상이 머릿속에 꽉 차는 순간을 애정했다. 그리고 나도 언젠가는 세상에 무언가를 그려 낼 수 있는 책을 내고 싶다는 꿈을 마음속 깊이 새기게 되었다. 그 마음을 한편에 품고, 다양한 경험을 하며 성장했다. 그러면서 내가 느꼈던 건 나의 시간이나 노력이 동일하게 들어가더라도, '무엇을' '어떻게' 하느냐에 따라 환산되는 가치는 제각각이라는 것이었다. 이후로 나는 '가치'에 대해 생각하는 어른으로 자라났다.

가치는, 단순히 돈을 넘어 행복, 성장, 사회적 기여와 같이 각자에게 소중한 것으로 대변된다. 그리고 적어도 내가 생각하는, 삶에 있어서 나만의 가치를 얻어내기 위한 전제조건은 다름 아닌 '과학'이었다.

운명처럼 혹은 운이 좋게도 나의 오늘들은 과학으로 채워진 나날들이 많았다. 그 나날들로 깨달은 것은, 과학은 아주 가깝게는 하루하루를 살아가는 우리의 의식주에 깊이 연관이 되어 있다는 것이다. 더 나아가 과학은 우리가 우리 자신으로서 존재하는 자아와 꿈, 의식과도 밀접하게 맞닿아 있다. 그리고 이렇게 자신을 잘 알게 됨으로, 집단과 그리고 사회와, 더 나아가 세상과 소통하고 교류하며 살아갈 수 있다는 것도 깨달을 수 있게 된다.

급변하는 세상이다. AI를 비롯한 기술들은 하루가 다르게 발전하고, 이에 따라 기존에 익숙하게 알고 있던 가치들이 손바닥 뒤집듯 뒤집히는 경우도 부지기수이다. 정신없이 하루하루를 보내다 보면, 내가 지금 뭘 하고 살고 있는지도 모르겠을 정도로 멍해지는 순간들도 종종 있다. 이러한 세상에서 '나 자신으로서' 어떻게 중심을 잡아야 할지 우리는 도통 알 수 없을 때가 많다. 때로는 너무 힘들어서 삶이 모래를 씹는 듯 꺼칠하게만 느껴질 때도 있다. 준비가 되지 않았다고 생각되기에 지레 겁부터 먹으며 완벽해지기 전까지는 도전하지 않겠다고 생각하며 숨어버리고 싶을 때도 있다.

이 모든 순간에 그럼에도 불구하고 나의 손을 잡아주는 것은, 그리고 세상과의 주파수를 맞추어서 조금 더 또렷하게 세상을 바라볼 수 있게 해 주는 건 다름 아닌 과학이다. 과학은 오늘을 바꾸어 줄 수 있다. 그리고 이를 통해 우리 자신도 온전히 나 자신으로서 살아갈 수 있게 된다.

인생은 짧다고 생각하면 짧지만, 길다면 길다고 할 수 있다. 노벨상 수상자들의 연구는 대부분 그들이 20, 30대일 때 이룬 업적이라고 한다. 어찌 보면 뇌가 젊을수록 더 왕성하게 연구를 할 수 있기 때문이라고도 느껴질 수 있으나, 삶의 관점에서 보자면 조금 다르게 해석될 수 있다. 바로, 과학기술을 배우고 연구하는 단계와, 그 과학기술이 세상에 적용되는 시점에 시간차가 존재한다는 것이다. 지금 세상을 바꾸는 AI 기술도, 그 과학 원리 자체는 30여 년 전에 이미 개발되었던 것처럼 말이다.

즉 과학을 안다는 것은 어느 정도 미래를 엿볼 수 있게 해준다. 그렇기에 과학을 통해 우리는 오늘을 조금 더 최적화해서 효율적으로 살 수 있고, 더 나아가 나의 미래를 변화시켜 나갈 수 있다. 그리고 이 변화를 통해 우리는 주변 이들에게도 영향을 주며, 사회와 세상까지도 더 나은 방향으로 이끌어 갈 수 있다.

나는 과학으로 가득한 삶을 살고 있으면서도, 동시에 우리가 지금 발을 딛고 살아가는 하루하루의 삶의 다채로운 면면들에 대해 무척 호기심이 많다. 그렇다 보니 다양한 가치와 삶의 방향에 대해서 깊이 사유하고, 미래에 대해 예측해 보고자 많은 노력을 기울인다. 나의 모든 꿈과, 길고 오래된 고민들이 이 책에 담겨 있다.

'오늘을 바꾸는 과학'을 통해, 어제보다 오늘 조금 더 최적화된 삶을 살 수 있기를, 그래서 새로운 경험의 풍요가 넘치는 이 세상의 모든 기쁨과 즐거움을 조금 더 담뿍 누리며 오늘을 살아가기를, 그 길을 우리가 함께 걸어 나가기를 언제나 언제까지나 바란다.

차례

PART 3. 함께 살아가는 삶의 균형

PART 4. 과학기술로 급변하는 세상

PART 5. 변하는 것들과 지켜야 할 것들

PART 1

나의 오늘을 바꾸는 과학

과학적으로 정의해 보는 좋은 삶이란

어떻게 살아야 잘 사는 것일까? 아마 모든 이들이 가지고 있는 궁극적인 고민이 아닐까 생각한다. 유한한 시간 속에서 가능한 한 '잘 사는 것'은 누구에게나 사실상 0순위의 목표일 것이니 말이다.

나 역시 어릴 때부터 그런 고민을 많이 하던 사람이었다고 생각한다. 과학 커뮤니케이터가 되기로 결심한 때에, 그리고 지금 이 글을 쓰고 있는 순간에도 '과학적으로 최적화된 삶'을 가능한 한 많은 이들이 살 수 있도록 기여하고 싶다는 바람이 내 머릿속에서 큰 부분을 차지하고 있다. 삶을 잘 살아나가기 위해서 과학기술은 무척 중요하고, 이미 우리가 존재감을 피부로 느끼지 못하더라도 실상 우리의 모든 삶이 과학이라는 사실 역시 자명하다. 그렇기에 흔히 자기계발서 등에서 이야기하는 '잘 사는 법'처럼 그때그때 유행하는 방법을 단순히 피상적으로만 쫓아가는 걸로는, '진짜' 잘 사는 법을 찾기 어려웠던 것일지도 모른다. 심지어 요즘은 '무엇이 유행이다'라는 것을 거의 모두가 알게 되면 이제 그 유행은 끝난 것이라고 이야기할 정도로 유행이 무척 빠르게 변하다 보니, 이제는 그저 유행을 따라가는 것조차 쉽지 않음을 느낀다. 외부의 분위기에 휩쓸려 무작정 따라 하기보다는 나만의 잘 사는 법에 대해 고민을 시작해야 하는 이유이기도 하다.

한때 '갓생' 열풍이 불었을 때가 있다. 매일같이 미라클 모닝을 실천하고, '오운완' 인증을 하고, 공부도 '스터디윗미'로 인증을 하는, 모두가 '열정빔'을 맞아버린 시기가 있었다. 그리고 이때도 유행은 여지없이 무척 빠르게 바뀌었다. 갓생 콘텐츠에 대해 염증을 호소하며, 그저 하루하루 버티는 게 이미 '미라클'이라고 외치는 이들이 생겨났다. 트랜드도 '그냥 살자'라는 의미의 '갓생'에 포커스를 맞추는 것으로 변화했다. 요즘은 '갓생'도 역사로 사라지고, '웰니스'가 꽤 유행하고 있다. 그렇다. 이름에서 느껴지듯이 극단적인 이전의 두 유행에서 벗어나 어느 정도 중간 선을 찾겠다는 것이다. 그러나 이 유행도 오래가지는 못할 것이라 높은 확률로 예측할 수 있다.

흥미로운 건 갓생이 유행하기 전에는 '갱생'과 맥락상통하는 욜로You Only Live Once(YOLO), 즉 '인생은 한 번뿐이니 오늘 하루를 즐기자'라는 삶의 방식이 유행하기도 했다는 사실이다. 몸과 정신을 극한으로 몰아붙여 나를 성장시켜 보았다가, 혹은 무한한 긍정과 위로를 주었다가 등 구체적 행동 방식은 그때그때 달라진 것이다. 역시 '유행은 돌고 돈다'는 만고불변의 진리와 함께, 결국 어떠한 형태이든 사람들은 '행복하고 싶다'는 마음만이 변함없는 본질이라고 느낀다.

그렇다면 당시에는 왜 '갓생'이 유행했을까?

생각해 보면 이는 코로나 시기와 아주 밀접하게 맞닿아 있다. 당시 사회생활을 하던 모두는 크든 작든 '코로나 블루'를 겪었다. 매일같이 마주하던, 심지어 꼴 보기도 싫던 회사가 실은 나의 삶을 지탱하는 데 얼마나 큰 기여를 하고 있었는지 우리는 느꼈다. 필연적으로 사회적으로 고립이 될 수밖에 없던 상황 속에서, 가만히 잠식되다가는 이대로 삶이 무너져 내릴 것만 같은 두려움을 느꼈다. 그래서 코로나 시기가 어느 정도 해소되자마자, 무너져 내린 것 같은 삶을 복구하고자 하는 마음으로 우리는 그토록 폭발적으로 갓생에 매달렸던 것 같다.

특히 2030세대의 경우에는, 정체되었던 이 시기로 청소년의 티도 채 벗지 못하고 대학에 입학하기도 했다. 교정을 거닐기는커녕 입학식조차 온라인으로 진행된 채 어른을 맞이해 버리거나, 기존에 당연하다고 여겼던 가치들 대신 오히려 새로운 가치가 더 많은 안정감과 부를 가져오는 것을 주변에서 보고 들을 수 있었다. 그렇다 보니 마주한 싱그러운 젊음의 순간을 마냥 즐기기보다, '나는 누구인가', '어떻게 살아야 하는가' 등의 고민에 빠지게 되었다. 그리고 코로나 이전 시기보다 필연적으로 부족한 경험을 바탕으로 어떻게든 저마다 찾아낸 부, 사회적 성공, 안정 등의 키워드를 위해 뭐라도 해보자는 동기부여가 바로 '갓생'이라는 삶의 양식을 불러온 것이다. 일단 노력하면 목표하던 어딘가에 도달할 수 있으리라는 희망과 믿음이, 불안정한 환경에서 그들을 일으키는 원동력이 된 것이다. '젊음은 젊은이에게 주기 아깝다'는 말을 한 기성세대에게 들은 적이 있다. 이미 안정감을 가지고 있는 기성세대가 부러워하는 특권인 젊음의 순간에서 우리는 역설적으로 젊음이라는 자산을 등에 업고 급변하는 상황들을 이겨내고 기반을 다질 수 있을 방법을 찾아내기 위해 고군분투했다. 그리고 그 과정이 '갓생'의 모습으로 나타난 것일지도 모른다.

조금 무거운 이야기일 수도 있지만 그토록 열정적이었던 '갓생' 붐 이후에 찾아온 유행이 '갓생'이라는 것은 한편으로는 이 사회에서 한 명의 몫을 감당하는 어른으로 살아가는 것의 무게와, 녹록지 않은 현실의 또 다른 표현형은 아니었을까.

유행은 필연적으로 사회를 대변한다. 사회에서 살아가며 느끼는 여러 가지 애환들이 투영되어 가끔은 정방향으로, 가끔은 역방향으로 '유행'이라는 옷을 입고 찾아온다. '잘 살고 싶다'는 마음이 정방향일 때는 '갓생'의 형태로, '역방향'일 때는 너무 힘드니까 '갓생'의 모습으로 유행하는 것처럼 말이다. 특히 최근에는 AI 기술을 비롯한 급변하는 과학기술로 사회가 유례없는 속도로 급변하고 있다 보니 그를 대변하는 유행도 시시각각, 모습도 정방향과 역방향을 바꾸어 가며 쉴 새 없이 변화하고 있다.

그렇다면 보다 성공률 높은 전략을 위해서는 변하지 않는 것을 공략해야 하지 않을까? 바로 우리가 '사람'이라는 사실을 말이다.

유전자에 각인된 우리의 '잘 사는 법'

지나간 '유행'의 흐름을 다시 살펴보면, 우리는 지극히 바쁘기를 바라다가, 그것이 극에 달하면 다시 여유를 달라고 호소했다. 이건 무척이나 자연스러운 것인데, 실은 우리의 유전자가 그렇게 설계되었기 때문이다.

즉 '지피지기면 백전불태'라는 격언처럼, 우리가 잘 살기 위해서는 외부에서 그 요인을 찾거나, 일방적으로 유행에 편승해 버리는 것이 아닌, 우리 자체가 어떻게 톱니바퀴처럼 잘 맞물려서 작동하도록 할 수 있을지를 고민해야 하는 것이다.

휴대폰을 사용하다가 배터리가 방전되면 충전을 하라는 '경고 알림'이 뜬다. 그리고 충전을 완료하면 '완충'이 되었다고 알려준다. 우리 몸도 마찬가지이다. 실은 우리 몸은 무척 정교하게 충전과 완충을 알려주는 시스템이 완비되어 있다. 바로, '서카디안 리듬'이라고도 불리는 생체시계이다.

여기까지 읽고, '아, 또 바이오 리듬이야?'라고 생각했다면, 아쉽지만 오답이다. 과거 한때 바이오리듬이 유행했던 적이 있다. 나 또한 "오늘은 신체 지표는 높고, 지능과 감성 지표는 낮은 날이니 공부하기에는 적절하지 않네"라는 등의 아주 허울 좋은 핑계를 대고 놀았던 기억이 선연하다.

바이오리듬은 분류하자면 유사과학이지만, 지금부터 말할 생체시계는 진짜 우리 몸이 바라는 '잘 사는 법'을 제시하는 과학이다. 무려 2017년에는 이를 연구한 과학자들이 노벨상을 받기도 했다.

이 생체시계에 대해 한 줄로 요약하자면, 결국에는 우리의 유전자에 내재한, 시간을 살아가는 규칙이 있다는 것이다.

'하루는?', '일주일은?' 이렇게 운을 띄우면 바로 '24시간', '7일'이라는 답이 나온다. 바로 그것이다. 규칙적으로 이 시간 패턴에 맞춰 사는 것이 결국 잘 사는 지름길이라고 몸은 말한다.

특히 노벨상까지 받을 수 있었던, 생체시계의 비밀에는 피리어드 유전자Period gene가 있다. 1984년 발견된 이 유전자는 몸속 시계를 맞춰주는 컨트롤타워로 기능한다. 이 유전자로부터 생성되는 PER 단백질은 24시간 주기로 양이 조절된다. 그리고 이에 따라 수면이 유도되고, 각성이 되며 음식을 먹고 싶어 하는 등 다양한 호르몬을 비롯한 생리적 리듬이 결정된다.

그렇다면 24시간 중 각성이 필요한 시간, 즉 아침은 어떻게 알게 되는 것일까? 이건 SCNsuprachiasmatic nucleus이라는 2만여 개의 신경세포로 구성된 시신경교차상핵이 담당한다. 우리가 익히 알고 있는 시계에 있는 리셋버튼이라고 생각할 수 있다. '빛'에 반응해서 계속 시계의 리셋버튼을 누르는 것이다. 이 기능은 무척 중요하다. 우리가 여행을 갈 때면 계속 그 나라의 시차에 맞추는 일을 해야 한다. 가끔은 우리나라에서는 밤인데, 여행 온 나라는 아침이라 낮밤이 바뀐 상황에 적응해야 했던 경험이 있을 것이다. 그리고 이때 아마 우리나라에서 낮밤을 바꾸어 생활하는 것보다는 훨씬 쉽게 적응했던 걸 체감했을 텐데 그게 바로 이 SCN 덕분이다. 다시 시계를 리셋해 주었기 때문이다.

그렇다면 이런 궁금증이 있을 수 있다. 먼저, '빛이 전혀 들어오지 않는 동굴에서도 정확하게 24시간을 살아갈 수 있을까?' 답은 거의 24시간을 지키게 된다. 물론 약간 길어지기는 한다. 24.2시간 정도를 하루로 살아간다고 한다. 그렇다면 기출변형으로, 시각장애인들은 어떻게 생체시계를 리셋할 수 있을까? 사실 결국 이 생체시계의 핵심은 빛을 인지해야 한다는 것이다. 그리고 놀랍게도 눈에서의 시신경 인지가 아니더라도, 피부를 통해서도 빛을 인지할 수 있다는 것이 밝혀졌다.

이러한 생체시계 덕분에 우리는 빛이 존재하는 세상에서 하루에 해가 뜨고 지는 흐름에 온전히 우리를 맡기며, 그에 맞추어 규칙적인 생활을 할 수 있다. 유전자에 각인된 가장 알맞은 방법으로 삶을 살게 되는 것이다.

또 흥미로운 것이 있다. 하루뿐만 아니라, 우리는 일주일, 즉 7이라는 숫자에 의해서도 많은 영향을 받게 된다. 음계를 생각해 보면? '도레미파솔라시' 7음계이다. 일주일은? 그렇다. 7일이다. 무언가를 외울 때도 뇌의 신경 회로상 7을 활용해서 외우는 것이 좋다고 한다. 예를 들자면, 나는 고등학교 때 배웠던 음절의 끝소리 규칙 '가느다란물방울'을 아직도 기억하고 있고, 대표적인 7자리 숫자인 유선 전화번호를 유독 잘 외우는 편이다.

아직 서카디안 리듬처럼 그 원인이 명확하게 규명되지는 않았으나, 삶에서 이미 우리가 경험한 많은 예시로 우리 몸이 원하는 것이라 생각되는, 7일 주기 개념인 '서카셉탄 리듬circaseptan rhythm' 이 있다. 이 서카셉탄 리듬에 얽힌 역사적인 일화도 무척 재미있다. 우리는 한 주는 당연히 7일이라고 생각하며 살아간다. 그런데 과거 프랑스 대혁명 시절에는 한 주를 7일에서 10일로 늘렸다고 한다. 구소련 시절에는 한 주를 6일로 바꾸었기도 했다. 두 경우 모두 지금은 역사 속으로 사라졌는데, 피로도와 사회적 불만이 급증하고, 생산성 향상에도 실패했기 때문이라고 한다.

결국 하루를 잘 살아가고, 그 하루가 쌓인 일주일을 잘 살아가는 것이, 인생을 잘 살아가는 첫걸음이라는 철학적인 진리가 과학에, 유전자에 숨겨져 있는 것이다.

열심히 산다는 것의 함정

'잘 사는 것'과, 열심히 사는 것은 같은 듯하지만, 실은 무모하게 열심히 사는 것은 오히려 독일 수도 있다는 것에서 다른 개념이다. 그러나 우리는 알면서도 속는 경우가 부지기수이다. 새해가 되면, 새해 계획을 세우고 올해만큼은 더 부지런히, 더 성과를 내보겠다며, 나름의 '갓생 플랜'을 짜고는 한다. 그리고 더 심하게는, '갓생에 중독'되어 버리기도 한다. 고백하자면 내가 바로 그런 편이다. 별일이 없으면 거의 오전 5, 6시에는 일어난다. 그리고 뭔가 하나라도 더 하려고, 더 성장하려고 무척이나 고군분투하며 열심히 살아간다. 과학 커뮤니케이터로서 강연을 준비하거나 글을 쓰는 시간과 운동하는 시간을 하루 중 꼭 할애한다. 주어진 일을 하고, 공부를 하거나 책을 읽는다. 이렇게만 하면 재미가 없어 보이지만 뮤지컬, 페스티벌, 콘서트, 영화, 연극, 노래방, 모임 등 놀기도 아주 잘하는 삶을 살고 있다. 또 하나 고백하자면, 고등학교 때부터 쭉 이렇게 살아온 것 같은데 나는 당시 '주간학습계획표'라는, 10분 단위로 시간을 쪼개는 당시 유행하던 시간관리법에 맞춰 살아보려 무척이나 애를 썼다. 그리고 그게 몸에 배어버려서 지금까지 이렇게 살고 있다.

그런데 이건 비단 나만의 이야기가 아니다. 일반 대중을 대상으로 하는 강연에 갈 때마다 나는 깜짝 놀랄 때가 많다. 보통 대중 강연은 퇴근 시간에 맞춘 평일 저녁 또는 주말에 하게 된다. 나도 직장인 생활을 했기에 그 시간이 얼마나 소중한지 잘 알고 있다. 그 황금 같은 시간을 내어 과학을 배우러, 강연을 들으러 심지어 멀리까지 찾아온다는 건 사람들이 얼마나 열심히 살아가고 있는지 보여주는 예시가 아닐까.

앞에서 '중독'이라고 말했던 것 역시 무척 과학적인 우리 몸의 작용과 맞닿아 있다. 쇼츠나 릴스를 많이 보는 이들에게 우리는 이제 매우 익숙하게 과학적인 용어로 조언을 건넨다. '도파민 중독이야, 너'라고 말이다. 그렇다. 도파민을 충족시키는, 도파민을 '욕망'하는 전략을 취해서 빠르게 도파민 분비가 될 수 있도록 쇼츠를 보는 전략을 우리는 잘 알고 있다.

그러나 실은 도파민 자체는 무조건적인 악역은 아니고, 그저 '동기부여'를 담당하는 호르몬이다. 도파민을 '욕망'하는 건, 단순히 앞면만 보고 있는 것이다. 우리가 잘 모르는, 도파민을 활용하는 두 번째 전략이 있다. 바로 도파민을 '통제'하는 것이다. 참아내고, 이겨내면서 결국 성취했을 때의 더 큰 짜릿함을 기대하며 고통을 즐기는 전략이다. 스스로를 계속 몰아붙이면서 해야 할 일들을 빽빽하게 리스트업하고, 도파민을 잔뜩 통제하고 있다가 마침내 일을 완수하며 체크 표시를 할 때의 더 큰 스릴을 즐기는 이들 역시, 알고 보면 도파민에 중독되었다고 볼 수 있다.

브레이크 없는 자동차처럼 이렇게 계속 액셀만 밟아대면 우리 몸에서는 위험 신호를 울린다. 이 지점이 되면, 열심히 사는 것은 '잘 사는 삶'에서 궤적을 틀어서 전혀 다른 결과로 넘어갈 수 있다. 바로 '번아웃 증후군'이다. 이것도 해내야 해, 저것도 해내야 해, 하는 수많은 과제 속에 스스로를 몰아대다 보면, 어느 순간 자포자기해 버리거나 의욕을 모두 잃어버리는 것이다. 신체적, 정신적, 감정적 탈진 상태가 6개월 이상 이어질 때, '번아웃 증후군'이라고 진단한다.

결국 이런 번아웃 증후군을 피하면서 열심히 살 수 있는 방법은 하나이다. '지속 가능성'을 생각하는 것이다. 스스로의 신체적, 정신적 한계치를 명확하게 인지하고 그 상한선을 넘지 않도록 해야 한다. 그래야만 안정적인 각성 상태를 계속 유지하면서 짧고 굵게 달리는 것이 아닌, 길고 가늘게 달릴 수 있다.

삶은 단거리 경주가 아닌, 마라톤이다. '지속 가능한 선택'을 하는 것이 결국에는 가장 과학적인 선에서 열심히 살 수 있는 방법이다.

과학적으로 잘 살기 위해, 우리가 해야 할 일

그렇다면 이 지속 가능한 삶을 위해서, 잘 사는 삶을 위해서, 유전자 맞춤형으로 우리가 할 수 있는 일들이 무엇이 있을까?

"시작이 반이다"라는 속담이 있다. 옛 조상들의 지혜는 참

신비로운 것이, 무척이나 과학적인 진리와 일맥상통하는 경우가 있다. 무거운 물체를 밀어본 적이 있다면 이걸 이해할 텐데, 처음에는 여간 힘을 써도 움직이지 않는다. 그런데 한번 밀리기 시작하면 그다음부터는 수월하다. 물리학적으로 정지 상태에서의 '정지마찰력'과 운동을 시작한 상태의 '운동마찰력'의 차이 때문이다. 쉽게 이야기하자면 정지 상태에서 무언가를 시작하는 것은 이미 시작된 걸 지속하는 것보다 훨씬 어렵다는 것이다.

삶에서도 마찬가지이다. 시작이 정말이지 제일 어렵다. 일단 시작을 하고 조금만 버티면 습관이 되고 그것이 변화를 만들어 낸다. 2009년 연구에 따르면 우리가 무언가를 시작하고, 습관으로 굳어지는 데 평균 66일이 걸린다고 한다. 이 기간은 난이도에 따라서 짧게는 18일, 길게는 254일 정도까지 길어질 수 있다고 한다. 우리가 근력 운동을 꾸준히 하다 보면 어느 날 문득 근육이 붙었다는 것을 체감할 수 있는 것처럼 의지력도 한정된 자원이기에 지속 가능할 수 있도록 꾸준히 습관화시켜 주는 것이 중요한 것이다.

또한 이 습관화 과정에서도 외부 요인 때문에 하는 것은 지속성이 약하기 때문에 활동 자체에서 오는 만족감이 원동력이 될 수 있도록 잘 설정하는 것이 중요하다. 비슷한 맥락으로 처음부터 너무 극단적인 목표를 잡는 것보다는 실현 가능한 작은 목표부터 차근차근 해나가는 것이 만족감을 불러올 수 있다고 한다.

다른 이들에게 공개적으로 선언을 하는 것도 이 지속 가능성에 상당한 도움이 된다. 사람은 필연적으로 사회적인 동물이기에 남에게 한 약속이나 말을 깨는 것이, 본인에게만 하는 약속을 깨는 것보다 훨씬 심리적으로 비용이 크다고 느낀다. 그리고 더불어 사는 세상이기에 공개적으로 선언을 하면 대부분은 주변의 응원까지도 기대해 볼 수 있다.

그리고 당연하겠지만, 살아가는 모든 과정이 언제나 순탄하지만은 않다. 아니, 거의 대부분은 녹록지 않다. 금단 증상이 올 수도 있고, 노력했지만 결과가 뜻대로 나오지 않을 때도 있다. 이때마다 '일희일비'해서는 안 된다. '언젠가는 성공하겠지'라는 생각으로 안 되는 순간에 좌절해서 포기하지 않고 꾸준히 지속하고 묵묵하게 나아가는 것이 중요하다. 이건 '자기효능감'으로 설명할 수 있다. '나는 괜찮은 사람'이라는 믿음을 근간으로, 더 오래 버티고 빠르게 회복하며, 실수를 하더라도 더 배우는 기회로 삼아서 나아가는 것이 중요하다.

긍정확언도 도움이 될 수 있다. 목표하는 바를 이미 이루었다고 가정하고 이야기를 하는 것이다. '나는 성공했다.' 이런 식으로 말이다. 뇌에서는 긍정적인 단어를 반복적으로 들었을 때 자신감의 신경 경로를 강화한다. 보상회로도 강하게 반응한다. 즉 좋은 말은 좋은 삶에 필수적인 요소이다.

이러한 긍정확언 이외에도 실질적으로 활용할 수 있는 방법들도 있다. 스탠퍼드대학교 의과대학 신경생물학 교수인 앤드루 휴버먼Andrew David Huberman은 실제로 뇌과학과의 연관성을 토대로 과학적으로 잘 사는 법의 실천 목록을 제안했다. 나 역시도 루틴을 갖기 위해 나름 10년 이상의 시행착오를 거쳐 왔는데, 이 경험을 바탕으로 여러 가지 목록 중 그래도 실천하기 쉬운, 과학적으로 잘 사는 법을 처음 시작하는 '비기너'를 위한 작은 습관들을 제안해 보고자 한다.

첫 번째, 햇빛을 매일 꼭 쬐는 것이 중요하다. '행복 호르몬'이라는 별명을 가진 호르몬이 있다. 바로 세로토닌이다. 이 세로토닌은 햇빛을 쬐게 되면 우리 몸에서 자연스럽게 합성이 된다. 따사로이 눈부신 햇살 아래를 거니는 것만 상상해도 금방 미소가 지어질 것이다. 세로토닌은 바로 그런 호르몬이다.

두 번째, 장-뇌 연결을 이용하는 것이다. 이것도 '세로토닌'과 밀접한 연관성이 있다. 세로토닌은 10%만이 뇌에 존재해서 기분을 조절하고, 나머지 90%는 장에 존재한다. 최근에 유행하는 연구 분야이기도 한데 결국에는 장이 건강해야 뇌도 건강하고, 뇌에서 긍정적인 생각을 해야 장도 건강하다는 것이다. 이때 장 건강을 위해서는 장내에 다양한 종류의 유익균들이 있으면 좋다. 유산균이나 발효식품을 선호하고, 자연에서 바로 얻은, 가공이 덜 된 음식을 선호해야 하는 이유이다.

세 번째, 아침 산책이다. 아침에 운동을 하는 사람이 많은데, 아침 산책은 기분 좋은 하루를 위해서 좋다. 아침에 햇빛을 받으며 산책을 하면 세로토닌도 나오는 데다가, 에피네프린과 노르에피네프린이라는 물질들이 활발히 분비가 된다. 좀 더 두뇌 활동도 활발해지고, 활력도 늘어난다고 분명 느낄 것이다. 다만 경우에 따라서 아침 운동이 좋지 않을 수도 있다. 만약 심혈관 질환 위험이 있다면 격렬한 아침 운동은 삼가고, 가벼운 산책 정도만 하는 것이 도움이 된다고 한다.

어떠한 방향성을 정하고, 그대로 끈기 있게 쌓아나가는 것은 무척이나 중요하다. 시작하자마자 바로 변화가 나타나지 않는 것은 당연하다. 그럼에도 꾸준히 지속해서 진정한 습관으로 만드는 두 달여의 시간을 견디는 것은 무척이나 과학적인 잘 사는 방법의 시작이 될 것이다.

물론 이런 습관을 지켜나가는 것이 항상 쉬운 일은 아니다. 모든 것이 내가 마음먹은 대로 착착 되었으면 좋겠지만, 살다 보면 그렇지 않은 순간들이 훨씬 많음을 느낀다. 열심히 내달려 온 것 같은데, 최선을 다한 것 같은데, 좌절의 순간을 맞이하게 되면 일견 자포자기해 버리고 싶고 실제로 그렇게 놓아버릴 때도 있다. 그러나 삶의 거창한 변화만이 나를 구제해 주는 것이 아니다. 오히려 아주 작은 무엇인가가 나라는 사람을 완전히 변화시키고, 과학적으로 더 좋은 삶으로 나를 이끌어 줄 것이다.

잘 살기 위한,
잘 먹는 법

유행이 없어진 시대라고들 한다. 무언가 딱 하나로 정해져서 모두가 그것만 좇는 것이 아닌, 각자의 '추구미'가 지배하는 세상이 왔다고들 한다. 사회가 매우 빠르게 변화함에 따라 '유행'이라고 부르기 민망할 정도로 새로운 것으로 교체되는 주기가 짧아지기 시작했고, 이제는 그저 각자 인생에서 추구하는 바를 존중해 주는 형태로 변화한 것이다. 이것 역시 크게 보면 '유행'의 일부라 금세 또 어떻게 변화할지 모르겠으나, 어쨌든 지금은 다양한 추구미를 저마다 가지고 살아가고 있다.

그런데 흥미롭게도 추구미가 제각각 다르면서도 많은 사람들이 동일하게 '추구'하는 것이 있다. 바로 '노화 예방'이다. 건강 지식이 늘어남에 따라, 무척 다양한 방식을 통해 우리는 노화를 막기 위해 노력한다. 건강기능식품을 챙겨 먹고, 운동을 하고 관리를 받는다. 그리고 무엇보다 매일 먹는 식사를 챙긴다.

그렇다 보니 바야흐로 늙지 않는 시대가 온 듯하다. 나는 직업 특성상 정말 다양한 연령대와 직업군의 수도 없이 많은 사람들을 만난다. 그리고 그들의 나이를 추측하는 건 하지 않는다. 그 이유는 추측을 할 수 없을 정도로 요즘은 겉으로만 보고 나이를 짐작할 수 없기 때문이다. 대략 나보다 나이가 많겠거니, 적겠거니 정도만 파악하는데 실은 그조차도 어렵다.

30대 중후반이더라도 관리를 어찌나 잘했는지 20대로 보이기도 하고, 실은 요즘은 50대도 언뜻 보면 30대 같아 보인다. 당장 부모님만 생각하더라도 내가 느끼기에는 30대 때와 똑같으시다. 이제는 정말이지 노화는 관리와 직결된 부분이다.

세상에 음과 양이 공존하듯이, 나이를 듣고 생각보다 어려서 놀라는, 반대의 경우도 사실 있기는 하다. 다들 '설마 나는 아니겠지. 아니어야 돼'라고 생각할 것이다. 그리고 그 지점이 여러 노화를 방지하는 요소들로 대중들의 마음을 두드리는 상품들의 공략 포인트가 아닐까!

노화를 막는 비법에는 같은 나이더라도 좀 더 젊게 사는 것, 긍정적인 마음가짐, 행복한 경험을 많이 만드는 것과 같은 정신적인 노력이 매우 중요하다. 그리고 어쩔 수 없이, 외부적인 노력도 중요하다. 무엇을 먹는지, 얼마나 움직이는지, 그리고 외부적으로 부족한 성분을 잘 보충해 주는지를 크게 생각할 수 있을 것이다. 특히 먹는 것에 있어서는 모두가 그 중요성을 깨닫고 있을 것이다. 전통적인 한국인의 식단이라고 한다면 '밥'과 '김치'가 가장 먼저 떠오른다. 그렇다. 한식은 탄수화물의 비중이 굉장히 높다. 한국인들은 식사로 밥을 먹고, 후식으로 떡구이를 먹을 수 있을 정도로 탄수화물을 사랑한다. 끼니마다 빠질 수 없는 김치는 어떤가. 물론 발효식품으로 건강에 좋은 부분도 있지만 한편으로는 높은 나트륨으로 고혈압이나 신장 질환자의 경우는 과량 섭취를 조심해야 한다.

이런 건강 지식이 대중적으로 확산되면서 요즘은 저마다 각자의 몸 상태에 적합한 음식 구성으로 잘 챙겨 먹으려는 모습들을 볼 수 있다. 혈압이 높다면 저염식 위주로, 탄수화물 위주보다는 단백질이나 지방도 함께 들어 있는 균형 잡힌 식단을 선호하는 형태로 우리의 식사가 변화하고 있는 것이다.

'You are what you eat'이라는 미국의 격언이 있다. 직관적으로 해석하면 '네가 먹는 것이 곧 너이다'라는 것인데, 먹는 음식에 있는 영양분이 신체를 구성하는 요소로 사용되기에 과학적으로도 일리 있는 말이다.

특히 식단의 경우, 영양소를 골고루 섭취해야지, 저염식으로 먹어야지, 칼로리를 적게 먹어야지 등의 포괄적인 목표 외에도 유행하는 식단들이 붐을 일으켰다 사라지기를 반복하고 있다. 한때 유행했다 사라진, 지금은 이름만 남고 정작 그 내용이 무엇인지는 잘 모르는 경우도 많은 지중해식 식단, 저탄고지, 저속노화 식단, 간헐적 단식, 저포드맵 식단 등이 그 예시들이다.

이전에 20대 초반의 친구가 내게 본인은 '저속노화 식단'으로만 먹기에 절대 늙지 않을 것이라고 했다. 20대 초반도 노화를 걱정하며 식사를 챙기는 세상이라니, 내심 얼마나 위기감이 크게 느껴졌는지 모른다.

혈당 스파이크의 진실

한때 열풍처럼 불었던 식이 요법 중, '저속노화 식단'이 있었다. 식단 이름에서부터 노화를 천천히 할 수 있다는 것이 강조되어 무척 매력적으로 여겨졌고 선풍적인 인기를 끌었었다.

결국 그 식단의 핵심은 식후에 혈당이 급격하게 오르는 혈당 스파이크를 막을 수 있도록 식사 순서나 구성을 챙겨보자는 것이었다. 설탕이나 밀가루, 쌀, 당분이 많은 음료수 같은 것을 피하고 대신 식이섬유나 통곡물 위주로 챙기는 구성을 권장했다.

그 식단이 유행하면서, 언젠가부터 혈당이 오르면 큰일이 날 것 같다는 조바심이 우리에게 생긴 듯하다. 자라오면서 잘만 먹던 과자인데, 요즘은 성분표의 당류 15g이라는 글씨를 보자마자 '히익' 놀라며 냉큼 봉지를 내려놓는다. 대신 과자는 먹고 싶으니까 어쨌든 당류가 0g이면 되겠지 하고 대체품을 찾아 먹는다. 백색가루는 위험하니까 밀가루 대신 통밀가루 혹은 아몬드가루를 사용한 빵을, 설탕 대신 대체당을 사용한 빵을 먹는다. 단순히 맛있어서 먹는 것이 아닌, '어떤 성분'으로 만들어졌는지까지 면밀하게 파악해서 소비를 하게 된 것이다. 이렇다 보니 근처 베이커리에서 무척 많은 빵을 팔고 있음에도 아몬드가루와 대체당을 사용한, 명확한 성분표를 가진 빵을 구매하기 위해 무척 많은 이들이 '빵 택배'를 이용하기도 했다. 혈당이 오르지 않는 빵이라는 이름과 함께 성분표가 제시된 베이커리에서 온라인 마켓 빵 구매창을 열어주면 거의 1분 안에 매진이 될 정도로 그 열풍은 대단했다.

사실 이 '혈당을 조절한다'는 맥락은 어찌 보면, 당뇨인들의 식습관을 비당뇨인들이 체득하려 노력하는 과정이다. 이뿐만이 아니다. 이렇게 단순히 성분표 속 당류를 확인하는 것을 넘어 많은 이들이 식사에서의 혈당 변화를 실시간으로 확인하기 위해, 혈당측정기를 사서 일주일 동안 팔뚝에 붙여두고 어떤 음식을 먹으면 혈당이 어느 정도로 치솟는지를 확인하기도 했다.

유난스럽다고 생각할 수도 있을 이 식단이 그토록 선풍적인 인기를 끌었던 것에는 혈당 스파이크를 막는 것이 비단 건강뿐만 아니라 다이어트에도 몹시 효과적이었기 때문이다. 혈당이 급격하게 오르면 우리 몸에서는 혈당을 낮추기 위해 '인슐린' 호르몬을 분비한다. 이 인슐린은 혈당을 낮춘다. 즉 혈관에 있는 포도당을 세포로 이동시켜서 에너지로 사용하거나 지방세포에 저장해서 혈관에 있는 당, 즉 혈당을 낮추는 작용을 하는 것이다. 그렇다 보니 혈당 스파이크를 막는 것은 인슐린이 과하게 분비가 되지 않도록 해서 지방세포의 축적을 막게 되고, 이는 결과적으로 다이어트에도 효과적으로 작용하게 된다.

솔직히 말하면, 나도 한때는 누구보다 열정적으로 그 흐름에 동참했다. 당류 10g이라는 글씨를 보면 고개를 절레절레 흔들며 먹어서는 안 되는 금기시된 무언가로 치부했으며, 혈당이 오르지 않도록 할 수 있는 모든 것을 했다. SNS에 올라온 최신 정보들을 체크하고 레시피를 공유하는 것도 물론이었다.

그런데 점점 피곤해졌다. 다들 잔뜩 과열이 돼서 모든 음식을 '제로'가 아니면 취급조차 하지 않으려는 듯 보였다. 원래 그리 과자를 좋아하지도 않았는데 괜히 먹으면 큰일 나는 것 같아서 참다 보니 더 먹고 싶어질 때도 있었다. 다른 일들만으로도 이미 충분히 피곤한데 먹는 것까지 이것도 안 되고 저것도 안 된다니, '왜 꼭 혈당 스파이크를 막아야 할까' 하는 의구심도 슬며시 생겨났다.

그렇다면 과학적으로 혈당 스파이크를 정말 막아야 할까?

혹시 아니라는 답변을 기대했다면 조금 맥이 빠질 것이다. 왜냐면 혈당 스파이크는 정말 막는 것이 좋기 때문이다. 앞서 이야기한 다이어트 때문이 아니더라도, 건강과 노화 방지를 위해서 혈당 스파이크를 막는 건 사실 중요하다.

그 이유는 우리 몸의 혈당조절과정을 조금만 살펴보면 바로 알 수 있다. 이 과정은 의외로 무척이나 단순해서 매력적인데 결국 모든 혈당은 '포도당'으로 귀결된다는 것만 기억하면 된다. 우리가 뭔가를 먹으면 포도당이 혈액을 통해 흡수된다. 혈당이라고 하는 것은 혈액의 당 수치이고, 대표적인 당이 포도당이니, 혈액으로 포도당이 돌게 되면 혈당 수치는 자연스레 높아진다. 그리고 이 포도당은 척결해야 하는 대상이 아니고 되레 우리 몸의 에너지를 내주는 역할을 한다. ATP라고 들어봤을지도 모른다. 우리 몸을 구성하는 수많은 세포들은 '세포호흡' 과정을 통해 에너지를 생성한다. 그 에너지가 ATP라는 단위로 계산이 되는데 이때 원료에 해당하는 것이 바로 포도당이다.

같은 맥락에서, "당 떨어진다"라는 표현도 무척이나 과학적이다. 포도당이 부족하다는 것은, 우리 몸에서 세포호흡을 할 원료가 부족하다는 말과 동일하다. 우리는 알지도 못하는 새 무척이나 본능적으로 과학적인 말을 일상에서도 하고 있던 것이다. 이렇게만 들으면 포도당이란 녀석은 참 좋기만 한 듯 보인다.

그러나 세상은 명과 암이 분명히 있다. 그렇다. 포도당이 세포들이 호흡하는 데 다 쓰고도 남으면 이제 조금씩 문제가 생기게 된다. 남은 포도당은 간이나 근육에서 '글리코겐'이라는 형태로 전환을 하고 그 뒤에도 남았다면 우리가 싫어하는 지방으로 저장되고 만다.

이쯤 되면 궁금해지는 것이 있을 것이다. '인슐린'은 그럼 무엇이고, 어떤 역할을 하는 걸까?

인슐린은 방금 언급한 자동화시스템에서의 중요한 '키맨'이다. 바로 세포에게 포도당을 사용할 수 있을 길을 열어준다. 세포가 호흡에 포도당을 쓰게 되면 자연스럽게 혈액 내의 포도당 농도는 줄어든다. 인슐린이 혈당을 낮춘다는 이야기와 일맥상통하는 것이다.

포도당이 과하면 다이어트에만 적이 되는 것이 아니다. 우리가 끔찍하게도 피하고 싶은 '노화'마저 촉진시켜 버린다. 우선 포도당이 많으면, 세포호흡을 과하게 하게 된다. '과유불급'이라는 말처럼 뭐든 과하게 먹으면 탈이 나고, 과하게 운동을 해도 근육통이 생기듯이, 세포는 너무 무리해 버리면 '활성산소'를 만든다. 이 활성산소의 특징을 말해 보자면 그저 앞뒤 재지 않고 불도저처럼 들이받는다고 생각하면 된다. 너무나 불안정한 상태인 활성산소는 전자를 하나 얻어서 안정되고 싶어 한다. 그래서 아무에게나 마구 부딪혀서 전자를 뺏어버린다. 이 폭력적인 활성산소가 전자를 뺏어 오면서 세포에 상해를 입히게 되는데 이게 우리가 말하는 '노화'이다. 과일이나 채소, 견과류 등 자연에서 온 건강한 재료를 먹게 되면 이런 활성산소를 완화시킬 수 있다는 것이 많은 연구를 통해 알려져 있기도 하다.

결국 혈당을 잘 제어하는 것은 건강과 노화, 다이어트까지 챙길 수 있도록 하는 열쇠가 된다. 하지만 건강을 위해서 수도승처럼 풀만 먹고 살 필요는 없다. 오히려 다양한 호르몬들의 작용을 잘 알고 슬기롭게 이용하는 것이 더 효율적이고 최적화된 식사로 우리를 이끌어 줄 것이다.

효소, 정말 효과가 있을까?

한때 효소 열풍이 분 적이 있다. 효소에 특별히 관심이 없는 사람이라고 할지라도 '역가수치', '아밀레이스', '프로테이스', '카무트 효소', '파로 효소' 등의 키워드 중 한 가지 정도는 광고 등을 통해서 접해보았을 것이다.

효소 광고들을 되새겨 보자. 요즘은 보이는 빈도가 줄었으나, 초기 효소 광고들을 보면 우선 두 접시에 빵을 넣고 물을 붓는다. 그리고 한쪽에는 효소를, 다른 쪽에는 아무것도 넣지 않고 몇 시간 뒤 효소를 넣은 빵만 전부 분해되는 것을 확인시켜 준다. 그 영상과 함께 효소가 체중감량에 도움이 된다는 광고 문구가 나오는데 그걸 보고는 홀린 듯 다들 효소를 샀더랬다.

그렇다면 효소의 과학적인 효과는 무엇일까? 일단 영상 자체가 조작은 아닐 것이다. 효소는 실제로 자신이 전담 마크하는 물질들을, 본인은 하나도 변화하지 않은 채 다 분해한다. 이에 대해 열쇠와 자물쇠 비유로 그 과학적 원리를 설명해 보고자 한다. 이 세상에 수많은 열쇠가 있지만, 각 열쇠는 짝이 맞는 자물쇠만 열 수 있다. 효소도 그러하다. 탄수화물은 아밀레이스, 단백질은 프로테이스, 지방은 라이페이스가 전담 마크한다. 어디선가 들어본 익숙한 그 이름들일 것이다.

그렇다면 광고에서처럼, 우리가 효소를 먹으면 몸 안에서도 이 효소들이 동일한 기능을 할까?

효소는 우선 그 자체로 단백질이다. 그리고 효소를 우리는 음식과 함께 식도로 섭취한다. 그러면 우선 식도를 거치는 동안 음식과 우리가 섭취한 효소는 함께 존재할 것이다. 이때 탄수화물을 분해하는 아밀레이스, 단백질을 분해하는 프로테이스 등은 음식을 잘게 분해해 준다. 하지만 그게 끝이다. 식도를 거쳐 위로 가는 순간, 본체는 단백질인 효소들은 위에서 분비되는 위액의 강한 산성을 이기지 못하고 무력하게도 그들 자신이 분해되어 버린다.

그러면 실제 우리 몸에서 나오는 효소는 어떻게 만들어지고 분비되길래 먹는 효소와는 달리 몸에서 잘 기능할 수 있을까? 생각해 보면 우리가 음식을 섭취하는 입, 식도, 위, 소장, 그리고 대장은 하나의 긴 관 형태로 이어져 있다. 그리고 이 관 내부는 체내가 아니라 체외 영역이다. 그리고 실제 효소는 체내에서 생성된 다음, 체외의 적재적소에 분비된다. 그러므로 섭취한 효소가 위에서 모두 분해되어 버리는 것과는 달리 입,

위, 소장 각각에서 각자의 일을 잘 수행해 낼 수 있는 것이다.

이런 효소들이 과학적으로 의미가 없다는 걸 알지만, 불티나게 팔리는 붐에 힘입어 나도 한때는 이 광고를 보고 효소를 사서 먹어보았다. 그 이유를 말해보자면 우선 위에 가기 전에 탄수화물을 분해해 주는 아밀레이스는 어느 정도 음식물을 잘게 쪼개는 데 도움을 줄 수는 있다. 그리고 효소는 맛있고, 과식했을 때 먹으면 마법처럼 괜찮아질 것만 같은 안도감을 준다. 하지만 실은 효소의 이러한 '위약효과' 마저 과학적으로 증명된 바는 없다는 것을 함께 적어본다. 결국 효소는 대체로 곡물을 미생물을 넣어 발효시킨 일종의 발효제품이기 때문에, 김치나 된장, 요거트 같은 발효식품을 먹는 기분으로 기호로 즐기는 정도의 의미만 가지는 것이 좋을 것 같다.

단백질셰이크도 따져서 먹어야

실은 나는 정말이지 단백질셰이크 러버이다. 끼니를 챙겨 먹기 어려울 때, 어딘가에서 단백질을 매일 잘 챙겨 먹어야 한다고 들어서 등의 이유로 특히 일정이 많을 때는 안 먹는 것보다는 낫지라는 마음가짐으로 자주 먹고는 한다.

특히 요즘 운동을 스마트하게 하는 것에 많이들 관심을

갖게 되면서 더욱이 단백질셰이크에 대한 관심도 같이 증가한 것 같다. 그런데 이 단백질셰이크라는 녀석은 실은 아무거나 먹기보다는 꼼꼼하게 잘 따져보고 먹는 것이 중요하다.

우선 단백질은 통상 하루에 체중 1kg당 1g 정도의 양을 먹으면 적절하다고 한다. 단백질은 '근손실' 때문에 먹는다고 아는 분들이 대부분인데 실은 단백질은 몸에서 정말 많은 것들을 구성한다. 근육뿐만 아니라 뼈, 피부, 그리고 많은 사람들이 너무나 중요하게 생각하는 머리카락까지. 이쯤 이야기하면 단백질의 중요성은 더 이상 말할 필요가 없을 것이다.

게다가 코로나 시기 이후 건강에 대한 관심이 확산되면서 어떻게든 단백질을 챙겨 먹어야겠다는 의식이 생기게 되었다. 그에 따라 단백질셰이크 시장도 무척 커지게 되었는데, 이렇게 다양한 선택지가 생기게 되면서 주의할 점도 함께 생겨났다. 우선 아까 이야기했던 당 수치를 점검해야 한다. 당연하겠지만 당류가 적을수록 혈당 스파이크로부터 안전하다. 그리고 많은 이들이 간과하기 쉬운 것이 바로, 식품의약품안전처에서 어떤 식품 유형으로 분류했는지에 대한 것이다.

이 식품 유형을 보면 겉보기와 다른 식품의 진면목을 볼 수 있다. 똑같은 오렌지주스 두 종류가 있다고 할 때, '과채주스'와 '과채음료'는 색깔도 맛도 비슷해 보이지만 속사정은 판이하게 다르다. 과채주스는 과즙함량이 95% 이상인데, 과채음료는 10% 이상이기만 하면 된다. 진정한 의미에서 '과일을 갈아낸 것'을 마시고 싶다면 '과채주스'를 골라야 하는 것이다.

단백질셰이크도 마찬가지이다. 보통 '기타가공품'과 '체중조절용조제식품'으로 나뉘는데, 만약 아예 끼니를 단백질셰이크로 대체하겠다면 '체중조절용조제식품'을 선택하는 것을 추천한다. 기타가공품은 식품류 중 어떤 걸로도 분류하기 애매한 것들의 총합이라고 한다면, 체중조절용조제식품은 한 끼를 대체할 수 있을 정도로 영양 성분을 조절해서 비타민, 엽산 등 필수 영양소들까지 균형 있게 담은 유형이다. 개인의 선호와 필요성에 의해 결국 결정하는 기호식품이지만, 잘 알고 먹는 것과 모른 채로 먹는 건 아무래도 큰 차이가 있을 것이다.

잘 먹어야 뇌도 건강하다

잘 먹는 건 우리가 좋은 영양분을 섭취하면서 동시에 건강과 노화 예방 다이어트를 할 수 있게 해 주는 것 이상의 과학적으로 중요한 가치를 가진다. 그중 하나가 바로 '뇌'에 도움을 줄 수 있다는 것이다.

최근 장과 뇌가 밀접하게 연결되어 있다는 '장-뇌 축' 이론이 주목받고 있다. 장과 뇌는 사실 무척 멀리 떨어져 있는 두 기관이다. 그러나 뇌의 상태가 장에, 장의 상태가 뇌에 영향을 미친다는 사실이 알려지고 있고, 관련 연구도 다방면으로 진행되고 있다. 우리도 직관적으로 이에 대해 알고 있는 사실이 있다. 시험기간만 되면 갑자기 화장실이 급해지거나, 배가 더부룩한 기분을 느낀 적이 있었을 것이다. 반대로 장염에 걸리면 머리까지 지끈지끈 아팠던 경험이 있을 것이다.

특히 장에서의 장내 미생물 환경은 뇌 건강에도 무척 중요하다. 이 미생물이 만들어 내는 신경전달물질과 대사산물이 뇌 기능에 영향을 주기 때문이다. 심지어는 장내 미생물의 종류가 다양할수록 전반적인 뇌 건강뿐만 아니라 장수까지 연관이 있다는 의견도 나올 정도로 장의 건강은 생각보다 무척 중요하다.

이렇게 장내 미생물 환경을 잘 구축하기 위해서 우리는 유익균을 늘려줄 수 있을 유산균이나 발효식품, 그리고 유익균들의 먹이가 될 수 있는 양파, 마늘, 바나나, 해조류 등을 균형 있게 먹는 것이 중요하다. 반면 인스턴트나 맵고 짠 자극적인 음식은 장내 유해균을 늘리기 때문에 스트레스를 받더라도 떡볶이 같은 자극적인 음식은 피하는 것이 오히려 뇌 건강에 좋다고 한다.

한편, 뇌 건강을 위한 식사에는 '시간'도 중요하다. 아침을 꼭 챙겨 먹는 것이 좋다고 한다. 연구에 따르면 아침 식사를 규칙적으로 하는 학생 그룹의 숫자 암기력이나 언어 구사력이 대조군에 비해 더 높았다고 한다.

앞서 말한 'You are what you eat'은 먹는 것까지도 선택지가 너무 많아져 버린 우리에게 지침으로 삼기 좋을 문구가 아닐까 생각한다. 결국 당장 맛있어 보이는 음식보다는, 건강을 위해서 혹은 궁극적으로 우리에게 좋은 음식을 먹는 것이 잘 살아가기 위한 전초기지를 잘 마련해 두는 효과를 선사해 줄 테니 말이다.

좋은 밤,
잘 자는 법

이 글을 쓰는 오늘, 나는 새벽 4시가 넘어서야 잠에 겨우 들었다. 나뿐만이 아니다. 현대인들 중 상당수가 숙면을 쉬이 이루지 못하는 경우가 많다. 특히 스트레스를 받거나 일이 많은 날이면 기껏 잠에 들더라도 악몽을 꾸거나 얕은 잠에서 금방 깨버리기 일쑤이다. 좋은 잠을 위해 주변에서는 멜라토닌 영양제를 먹거나, 향초를 켜거나, 무드등을 켜놓고 명상을 하고, 반신욕을 하는 등 갖가지 방법을 동원하기도 한다. 이런 현대 사회에서 머리만 대면 잘 수 있고, '꿀잠'을 자고 일어날 수 있다는 것은 그야말로 축복이다.

한때 이렇게 소중한 잠까지 제약하는 '극심한 갓생방법'이 유행이었던 적이 있다. 바로 그 이름부터 위용이 대단한 '미라클 모닝'이다. 늦어도 밤 10시에서 11시 사이에는 잠자리에 들고, 새벽 5~6시에 일어나야 하고, 일어나서 명상과 공부 등의 자기계발 활동을 한 뒤에 뿌듯한 마음으로 출근길에 오르자는 취지를 담은 생활법이었다. 지금도 무척이나 많은 사람이 이런 미라클 모닝을 실천하고 있기도 하다.

그런데 만약 내가 저녁형 인간이라면? 밤 10시는 아직 한창의 시간인데, 잠이 올 리가 없다. 게다가 많은 현대인들에게 있어서 밤 10시가 주는 의미는 아주 크다. 대부분 직장인의 경우, 직장에서 최소 8시간을 보내고, 귀가한 후 저녁 식사나 집안일 같은 최소한의 역할을 수행하는 것만으로 이미 8~9시는 훌쩍 넘기게 되는 경우가 허다하다. 밤 10시는 그 뒤에 잠들기 전까지 아주 잠깐, 오직 나를 위해 오롯이 주어지는 귀중하고 조용한 시간인 것이다. 직장인들만이 아니라 자영업자나 프리랜서처럼 업무 시간 외에도 이래저래 치이기 쉬운 사람들 역시, 잠들기 직전 온전한 나만의 시간의 가치는 값을 매길 수 없을 정도로 소중하게 느낄 것이다. 솔직히 나 역시도 아무리 피곤해도 이 시간에는 더 아낌없이 놀고 싶은 마음이 그득그득하다. 아마 많은 이들이 공감하리라! 낮에 열심히 일한 만큼 저녁에는 좀 놀고 싶은, 그런 저녁형 인간들에게 맞는 과학적인 '잠자는 방법'은 없을까?

나는 아침형 인간일까, 저녁형 인간일까?

아이스브레이킹 용도로 혈액형을 물어보는 것처럼, '아침형 인간이야?'라고 물어보는 일들도 살아가며 종종 있다. 그런데 이렇게 흔히 '아침형 인간' 또는 '저녁형 인간'이라는 표현을 쓰지만, 과연 과학적으로도 구분할 수 있는 것일까? 반농담이지만, 나는 사실 이 질문을 받을 때면 '학기 중에는 아침형 인간이고 방학 때는 저녁형 인간이 아닐까?' 하고 내심 생각하기도 했었다.

차치하고, 과학적으로 아침형 인간과 저녁형 인간은 사실 유전적으로 정해져 있다. PER3이라고 하는 유전자의 길이가 길면 아침형 인간, 짧으면 저녁형 인간이라고 한다. 사실 정확히 이 유전자가 어떻게 수면 시간에 관여하는지는 확실하지 않으나, 어떠한 방식으로든 우리 뇌내 생체시계에 영향을 미치는 것으로 보인다. 그 밖에도 300개가 넘는 유전자가 인간의 수면 시간에 관여한다는 연구도 있다. '내가 아침형 인간이 되지 못하는 이유'는 결코 내 습관의 문제가 아니라는 것이다. 그리고 또 한 가지, 저녁형 인간들의 경우 각성에 관여하는 코르티솔 호르몬이 아침에 비교적 적게 분비된다고 한다. 바꿔 말하면 이들이 아침에 잘 일어나지 못하는 것을 호르몬 탓으로 슬며시 돌려도 어느 정도 용인이 될 수 있다는 것이다.

그렇다면 우리가 일상 속에서 아침형 인간인지, 저녁형 인간인지 확인할 수 있는 방법이 있을까? 그렇다. 먼저 유전자 검사를 하는 방법이 있다. 이 방법은 물론 정확하기는 하겠으나, 조금 더 간단하게 일상에서 잠이 들고 깨는 시간에 큰 제약이 없는 휴일의 수면 패턴을 분석해서 결과를 바로 얻을 수 있는 방법도 있다. 몇 가지 계산만 하면 된다. '휴일 중간수면'을 계산한다고 표현하는데, 쉽게 말해 휴일에 잠이 든 시각과 잠에서 깬 시각의 중앙이라고 생각하면 된다.

예를 들어 만약 오전 1시에 잠이 들고 낮 2시에 일어났다고 생각해 보자. 그 중간인 오전 7시 30분, 7.5가 이 값이 되는 것이다. 한 가지 예외가 있는데, 만약 평일에 충분히 수면을 취하지 못해서 휴일에 잠을 보충해서 자는 경우에는 계산을 한 번 더 해주어야 한다. 아마 나를 비롯한 거의 대부분의 현대인이 이 예외에 적용되지 않을까 싶다. 이때는 휴일 수면시간에 한 주 평균 수면시간을 빼준 값을 2로 나누어서, 이를 기존에 계산한 값에 한 번 더 빼서 보정해 주어야 한다.

설명은 복잡해 보이지만 이것도 예로 들면 몹시 간단하다. 주중에는 보통 오전 12시에 잠이 들고 아침 6시에 일어나고, 주말에는 오전 1시에 잠이 들고 낮 2시에 일어나는 생활을 한다고 생각해 보자. 이 사람의 일주일 총 수면시간은 주중에는 30시간(하루 6시간×5일) + 주말에는 26시간(하루 13시간×2일)=56시간이고, 이를 한 주의 날수인 7로 나눈 평균은 8시간이다. 이 8이라는 평균 수면 시간을 휴일 수면 시간에서 빼주고, 2로 나누면 된다. 계산하면, '7.5-(13-8)/2=5'가 나의 휴일 중간수면 값이다.

이 결과를 계산해서 3~5이면 중간, 이보다 작은 숫자가 나오면 아침형 인간, 큰 수가 나오면 저녁형 인간으로 분류할 수 있다고 한다. 3개의 식을 세워서 풀어야 하지만 수면 패턴을 알아볼 수 있기에 충분히 의미 있는 계산일 것이다.

사실 이렇게 생체 주기를 계산해서 본인이 아침형 인간인지 저녁형 인간인지 알게 되더라도 실은 달라지는 건 많지 않을 수도 있다. 그러나 여전히 선택할 수 있는 것은 존재한다. 우리가 아침형 인간인지, 저녁형 인간인지 '안다'는 것은 우리에게 맞는 것이 무엇인지 '알고', 그걸 바탕으로 무리하지 않는 선에서 사회와 잘 어우러져 패턴을 만들어 나갈 수 있다는 점에서 충분한 가치와 의미를 가진다.

가령 미라클 모닝 같은 경우, 아침형 인간들에게는 정말로 하루를 알차게 사용하는 스타팅 포인트이자 무척 좋은 동기부여가 될 수 있다. 하지만 저녁형 인간임에도 무리하게 미라클 모닝을 시도하는 것은 어찌 보면 매일같이 시차적응에 도전하는 그야말로 '미라클'일지도 모른다. 대신 저녁형 인간에게도 희소식은 있다. 영국과 스페인에서 진행된 연구에 따르면 저녁형 인간이 아침형 인간보다 IQ와 문제 해결력이 더 좋은 경향을 보인다고 한다.

한편 대부분의 경우 우리는 원하는 시간에 업무나 공부를 하기보다는 사회가 규정한 시간에 맞추어 살아가게 된다. 대부분의 직장인이 아침에 출근해서 저녁에 퇴근을 하다 보니, 저녁형 인간의 경우 유전자에 각인된 생체시계 대신, 사회의 시계에 맞추어 살아가게 되는 것이다. 이렇게 본성과 유전자를 역행하는 것은 무척 고될 수밖에 없다. 그러나 인간은 적응의 동물이라는 것이 여기에도 적용된다. 우리의 수면 유형은 나이가 들어감에 따라 유전자의 영향보다는 사회적인 영향이 더 크게 작용하게 된다고 한다. 무척이나 현실적이면서, 인간이 어떻게 살아가느냐에 따라서 유전자에 새겨진 본성을 거스를 수도 있다는 것을 잘 보여주는 연구가 아닌가 싶다.

우리는 왜 잠을 자야 할까?

'미라클 모닝'의 속박 속에 갇혀 있는 사람에게도, 혹은 나처럼 불면의 밤을 보내는 사람에게도 '잠'은 우리 모두에게 있어서 무척이나 중요하다. 아침형 인간이든, 저녁형 인간이든 하루에 일정 시간 이상을 반드시 자야 한다는 것은 틀림없는 사실이니 말이다. 특히 '뇌'에 있어 가장 중요한 것 역시 단연 잠이라고 할 수 있다. 우리는 살아가면서 뇌를 무척이나 많이 사용하는데, 다양한 호르몬들이 관여하면서 다양한 기능들을 수행하게 된다. 고작 체중의 2%밖에 되지 않는 뇌에서 신체의 20%에 해당하는 기능을 수행하니 어찌 보면 뇌에게 있어서는 모든 나날들이 '과로'인 것이다. 이 뇌에서 작용한 수많은 호르몬을 비롯한 물질들이 혈관 뇌 장벽을 통해 걸러지고, 뇌에서의 샘물에 해당하는 뇌척수액으로 마침내 세척이 되는 시간이 바로 잠의 순간이다.

며칠 동안 씻지도 않고, 책상도 정리하지 않은 채 한 자리에서 일한다고 생각해 보자. 상상하기도 싫지만 냄새, 노폐물, 쓰레기 등으로 인해서 일이 제대로 되지 않을 게 뻔하다. 잠을 자지 않은 뇌는 이와 마찬가지의 상황에 놓이게 된다. 쌓여가는 노폐물을 처리하지 못한 채 계속 일을 하게 되는 것이다. 당연히 좋은 퍼포먼스를 내기 쉽지 않을 것이다. 실제로 잠을 제대로 자지 못해서 뇌가 제대로 세척될 시기를 잘 갖지 못하게 되면, 어떤 결정을 내릴 때도 합리적으로 판단하기보다 충동적으로 결정하는 경향이 강해진다. 더 나아가 만성적인 수면 부족은 장기적으로 치매나 조현병 등의 정신질환까지도 불러일으킬 가능성이 있다.

뇌에서 일어나는 일들을 조금 더 자세히 들여다보면 크게 글루타메이트와 아데노신을 주목해 볼 수 있다. 글루타메이트는 인지기능과 뇌에서의 신호전달에 관여하는 물질이다. 그래서 이런 일들을 수행하면 할수록, 즉 깨어 있는 시간이 길어지면 뇌에서 글루타메이트의 농도가 증가하는데, 그 양이 과해지면 독성물질로 작용하게 된다. 자면서 글루타메이트 농도가 감소하게 되기에, 잠을 자야 뇌가 회복이 되는 것이다.

다음으로 아데노신은 무척이나 매력적인 물질이다. 일단 아데노신이 많이 축적되면 잠이 온다. 그리고 글루타메이트와 마찬가지로, 자는 동안 농도가 줄어든다. 매력적인 포인트는 아데노신이 현대인들의 (어쩔 수 없는) 동반자인 커피 그리고 운동과 밀접하게 연관되어 있다는 것이다.

먼저 커피부터 말해보자면, 커피를 먹는 이유이기도 한 '카페인'이 아데노신과 연결된 열쇠이다. 커피를 통해 흡수된 카페인은 원래 아데노신이 뇌에 붙는 자리, 즉 아데노신 수용체에 슬며시 가서 붙어 있게 된다. 아데노신 수용체는 쉽게 말하자면, 뇌에서 마련해 둔 아데노신이 앉을 자리이다. 뇌에서는 이 자리들을 여러 개 마련해 놓고 아데노신이 자리를 다 채우면 잠을 자야 하는 것으로 판단하고 우리를 재우려고 한다. 그런데 아데노신 대신 카페인이 주루룩 자리를 차지하고 앉아있으면 아데노신은 발붙일 틈이 없고, 뇌에서는 이를 '각성' 상태로 여기게 된다.

이와 관련된 무척 재밌고 유용한 과학적인 현상이 또 있다. 바로 '커피냅'이다. 이 커피냅을 쉽게 말하자면 게임에서나 나올 법한 '긴급 포션' 정도라고 생각할 수 있다. 방법은 간단하다. 너무너무 피곤할 때, 커피를 마시자마자 15~20분 정도 자고 일어나는 것이다. 그렇게 하면 고작 10여 분 눈을 붙였을 뿐이라고는 생각할 수 없을 정도로, 더없이 개운한 기분을 맞이할 수 있다. 과학적으로 설명하자면, 잠을 자는 짧은 순간 동안 뇌에서는 아데노신 의자에 앉아 있던 아데노신들을 좀 줄어들게 하고, 대신 카페인이 슬며시 그 자리를 채우게 된다. 숙면을 통해 아데노신 수용체에 쌓인 아데노신을 모두 청소한 건 아니지만, 살짝 변칙을 써서 아데노신이 앉을 자리를 빼앗아 버림으로써 우리 몸을 일시적이나마 재각성 상태가 되도록 속이는 것이다. 물론 이건 어디까지나 '긴급' 포션인지라 반짝 집중력이 증가하는 것뿐이지 피로 자체가 해소된 것은 아니기에, 나중에 꼭 숙면을 취해주어야 한다.

다음으로, 또 다른 불면증 특효약은 실은 '운동'인데 이것도 아데노신 때문이다. 특히 건강에 관심이 많은 사람이라면 ATP라는 말을 들어본 적이 있을 것이다. 흔히 우리 몸의 에너지원이라고 알고 있는 ATP는 풀어 쓰면 '아데노신 3인산'이다. 즉 아데노신에 인산기가 3개 붙은 물질이다. ATP는 붙어있는 3개의 인산을 1개씩 떼어낼 때마다 에너지를 낼 수 있다. 그렇기에 이를 '에너지 화폐'라고 부르기도 한다. 한국에서 원화를, 미국에서 달러화를 사용하는 것처럼 우리 몸에서는 어떠한 활동을 할 때 ATP를 화폐처럼 소비하게 되는 것이다. 운동을 통해 에너지를 소비한다는 것은 달리 말하면 체내에서 ATP를 사용한다는 것이다. 그리고 이렇게 ATP를 사용하는 과정에서 우리 몸은 인산을 떼어내게 되고, 마침내 아데노신을 만들게 된다. 이렇게 만들어진 아데노신은? 그렇다. 잠을 자게 만드는 것이다. 비단 운동뿐만이 아니라 우리 몸에서 무언가 에너지를 잔뜩 쓰도록 만들면 우리는 금세 노곤해지며 잠을 잘 잘 수 있다.

단, 운동은 잠들기 최소 2~3시간 전에 마쳐야 한다. 운동 직후에는 교감신경이 활성화되어 잠이 안 오기 때문이다. 대신 운동을 하고 조금 시간이 지나면 아데노신 축적 효과가 숙면을 불러올 수 있다고 한다.

우리는 하루에 얼마나 자야 할까?

그렇다면 우리는 얼마나 자야 할까? 일반적으로는 하루 6시간 이하로 수면을 하는 것이 장기화되면 몸과 마음에 모두 악영향이 생긴다. 특히 5시간 미만으로 수면을 하는 이들이 우울증 발병률이 2배 이상 높다는 것도 알려져 있다. 그러나 이렇게 하루에 6시간씩 수면을 하고 싶어도 도무지 잠이 오지 않아서 많은 어려움을 겪고 있는 이들이 있다. 이렇게 만성적이지는 않더라도 무척 중요한 일이 있어서 얼른 잠들어서 좋은 컨디션을 만들고 싶은데 여간해도 잠이 오지 않는 상황을 겪어본 사람은 더 많을 것이다. 이런 날에는 잠자리에 누워 어떻게 해야 잠들 수 있을지, 답답한 마음과 함께 초조함마저 찾아오기도 한다.

장기적으로든 단기적으로든 불면증을 겪는다는 것은 난처할 수밖에 없다. 일단 불면증이라고 공식적으로 인정을 받으려면, 규칙적으로 자거나 중간에 잠에서 깨지 않는 것에 어려움을 겪는 횟수가 주당 3회 이상, 그리고 3개월 이상 지속이 되어야 한다. 불면증을 보다 세분화해서 이야기해 보자면 잠이 안 온다면 '수면개시장애', 도중에 자꾸 깬다면 '수면유지장애'로 분류한다.

나 또한 일종의 불면증을 꽤나 오랫동안 가지고 있다. 내 경우는 '수면개시장애'에 해당하는데, 평소에는 잠에 잘 들지 못하는 편이다. 그나마 다행인 것은 그리 길게 잠을 자지 않더라도, 대략 4시간 정도만 잠을 잔다면 피곤한 기색 없이 하루를 잘 살아간다는 점이다. 피곤하다고 생각도 잘 안 할뿐더러, 낮잠도 전혀 자지 않는다.

나 말고도 역사적으로 잠을 적게 잔 것으로 유명한 사람들이 있다. 믿거나 말거나이지만 나폴레옹은 4시간 정도만 잔 것으로 알려져 있기도 하다. 이들은 엄청난 의지력을 타고나서 수면욕을 굳건히 이기는 삶을 살았던 것일까? 물론 그럴 수도 있겠지만, 이들은 어쩌면 '유전자'부터가 달랐을지도 모른다. 누군가는 키가 크고, 누군가는 소화력이 좋은 것처럼, 잠을 몇 시간 정도 자야 무리 없이 생활할 수 있는지에 대한 것도 실은 유전자에 따라 정해져 있다.

바로, DEC2 유전자 변이를 가진, 타고난 '쇼트 슬리퍼'들이다. 다만 이 유전자는 매우 드물어서 전체 인구의 1% 미만 정도가 이 유전자를 가지고 있다고 한다. 일단 이들의 특징으로는 낙천적이고 활력이 넘친다고 한다. 이 유전자 변이가 없다면 아무리 노력으로 잠을 줄여봤자 30분 정도를 줄이는 게 전부이지만, 쇼트 슬리퍼들은 '오렉신'의 수치가 조절되어서 오래 깨어 있는 것이 가능하고, 조금만 자도 모든 몸의 기능들이 금세 회복이 된다.

오렉신은 뇌의 시상하부에서 생성되는 신경전달물질로, 낮에는 각성 상태를 밤에는 수면 상태를 안정적으로 유지하는 데 관여한다. 보통의 DEC2 유전자는 저녁에는 오렉신 생성을 억제하고, 새벽 전에 다시 활성화시켜 몸을 깨우게 된다. 하지만 이 유전자에 변이가 생기면 이런 작용이 약화되어 오렉신이 과다 분비되고, 각성되어 있는 시간이 늘어날 수 있게 되는 것이다. 이 DEC2 유전자 변이 여부는 유전자 검사를 통해 확인해 볼 수 있다. 검사를 해보지는 않았지만, 모르긴 해도 아마 나도 이 유전자 변이를 가지고 있지 않을까 가끔 생각한다.

극소수의 쇼트 슬리퍼를 제외하면 잠을 적게 자는 것은 삶을 질을 현저하게 떨어뜨리게 된다. 불면증은 여러 가지 요소들이 쳇바퀴처럼 서로 악영향을 끼치며 지속되는 경우가 많다. 우선 유전적 원인이 있을 수 있다. 생활습관과 무관하게 수면 시간에 관여하는 유전자가 지금까지 알려진 것만 해도 수십 개 이상이고, 아직 밝혀지지 않은 유전자들도 더 많을 것이라 예측된다고 한다. 이들 유전자들의 정교한 조절이 삐끗 어긋나게 되며 불면증이 찾아올 수 있는 것이다.

환경적인 유발 요인들도 있을 수 있다. 현대인이라면 '스트레스나 고민이 많은 날에는 잠이 잘 오지 않거나, 혹은 잠이 들었다가도 금세 깨는 경험'을 해본 사람이 많을 것이다. 이는 스트레스 호르몬인 '코르티솔'이 얄궂게도 잠에도 관여하기 때문이다. 심지어 '각성' 상태에 관여를 하는데, 아침에 비몽사몽이다가 갑자기 정신이 번쩍 들도록 도와주는 것이 바로 코르티솔의 역할이다. 밤이 되면 코르티솔의 수치는 낮아지고, 멜라토닌 수치가 높아져야 우리가 숙면을 취할 수 있게 된다. 하지만 스트레스가 지속되어 코르티솔 수치가 계속 높은 채로 유지되면 잠을 이루지 못하게 되는 것이다.

그래서, 정말 잘 자는 법

그렇다면 정말 잘 자는 법은 무엇일까? 너무 당연하겠지만, 하지 말라는 걸 정말 안 하면 절반은 간다. 결국에 잠이라는 것이 생체시계와 호르몬에 기반한 것이라는 것을 이해하고 그에 맞는 행동을 하는 것이 꽤 주효한 전략인 것이다.

가장 먼저 생각할 수 있는 전략은 멜라토닌이 분비되며 자연스럽게 우리를 잠으로 이끌 수 있도록 하는 것이다. 멜라토닌은 빛과 직결되어 있다. 어두워야 슬며시 모습을 드러내는 것이다. 그렇기에 숙면을 위해서는 가능한 한 어둡게, 그리고 핸드폰을 멀리하는 것이 중요하다. 멜라토닌 영양제를 챙겨 먹는 것도 좋겠지만, 멜라토닌을 만들어 주는 원료 물질을 평소부터 부족하지 않게 섭취해 주는 게 우선이다. 이 물질들로는 트립토판과 세로토닌을 꼽을 수 있다. 일단 트립토판은 우리가 흔히 아는 고기, 우유, 달걀과 같은 단백질에 많다. 트립토판은 몸에서 합성이 안 되기 때문에 적정량을 무조건 먹어주어야 한다. 트립토판을 우리가 섭취해 주면 먼저 중간단계인 세로토닌으로 전환되고, 세로토닌이 멜라토닌을 합성하게 된다. 그렇기에 낮 시간에 충분히 햇빛을 쬐어서 트립토판을 세로토닌으로 전환을 많이 해두는 과정도 멜라토닌을 만들기 위해 필요하다.

그리고 잠과 관련된 여러 가지 속설들도 무엇이 진짜 도움이 되는지, 혹은 도움을 가장한 거짓인지 잘 분별하는 것도 중요하다. 먼저, 자기 직전 운동을 해서 기진맥진해야 잠이 잘 온다는 속설이 있다. 과학적으로는 이건 거짓이다. 운동을 하게 되면 교감신경이 활성화되고, 아드레날린이 나오게 된다. 잠을 방해하는 것이다. 그래서 운동을 통해서 앞에서 이야기한 아데노신 효과를 유의미하게 얻으려면 잠들기 2시간 전에는 운동을 마치는 것이 좋다.

다음으로 '꿀잠'을 위해서 술을 마시고 자는 게 좋다고 하는 '썰'도 있지만 이것도 거짓이다. '나이트 캡'이라고도 불리는, 자기 전에 술을 한잔 마시는 행위는 오히려 뇌를 자극시키고, 근육의 긴장도를 떨어뜨려서 잠을 방해한다.

진짜 도움이 되는 속설도 있다. 매일 잠에 드는 시간을 일정하게 유지하는 것은 좋다. 우리 몸은 생체시계에 의해 움직인다. 밤에는 잠을 자고, 아침이면 말끔한 정신으로 하루를 영위해 나갈 수 있는 마법 같은 일은 이 생체시계 덕분이다.

마지막으로, 눕자마자 바로 잠이 안 온다고 괜히 불안해할 필요는 없다. 당황해하며 양을 하나, 둘 세기 시작하는 것도 섣부르다. 보통 '수면 잠복기', 즉 잠에 들기까지 30분 정도의 시간이 소요되는 것은 자연스러운 현상이라고 하니 말이다.

나는 마무리 인사를 할 때 '평안한 밤 되세요'라는 말을 자주 덧붙이는 편이다. 이 글을 읽는 모두에게도 오늘 하루 평안한 밤이, 좋은 잠이 찾아오기를 전심으로 바란다.

잘 운동하는 법

나는 정말이지 심각한 몸치이다. 운동 수행 능력도 그렇게 좋지 못하다. 특히 순발력이나 동작을 잘 기억하는 능력은 젬병이다. 다행히 그나마 자신 있는 능력이 있는데, 바로 지구력이다. 그래서 단순한 동작을 반복하거나 버티기만 하는 종목은 그래도 꽤나 열심히 하는 편이다. 흔히 '천국의 계단'이라고도 부르는 스텝밀을 40분 정도 타거나, 2, 3시간을 그저 걷기만 하는 건 아주 자신 있다. 다만 타고나기를 운동에 재능이 없다 보니 흥미를 가지기는 쉽지 않다. 그렇다 보니 내게 있어서 운동이란 거의 살아남기 위한 '생존운동'에 가까워질 때가 많고, 그마저도 다른 일들에 치이다 보면 뒷전으로 밀려버리는 순간들도 사실 적지 않다. 어쩔 수 없다고는 생각하지만 운동을 해야 건강해질 것만 같은 생각이 문득 들 때면, 운동 부족을 타개하기 위한 방법이 무엇일지, 이대로 괜찮을지에 대한 위기의식이 빨간불을 울린다.

그런데 이런 위기 의식은 단지 나만의 '느낌'에 불과한 것이 아니다. 실제로 우리나라는 아주 심각한 '운동부족국가'라고 한다. 우선 컴퓨터의 발달에 따라 인류는 앉아서 무언가 작업을 하는 일들이 많아지게 되었다. 이에 따라 신체 활동량 부족은 WHO 기준 세계 네 번째 사망 원인으로, 한 해 약 320만 명의 사망 원인으로 꼽힌다고 한다. 그런데 한국인은 이러한 신체 활동 권고를 채우지 못하는 정도가 세계 평균의 2배나 된다고 한다.

심지어는 이런 운동부족 상승세 역시 가파르게 증가하는 추세라 2030년에는 69.3%, 즉 열에 일곱은 운동 부족이 될 것이라고 예측된다. 그렇다면 과연 권장 운동량이 어느 정도길래 이런 엄청난 결과가 나온 것일까? WHO에 따르면 주당 150~300분의 중강도 운동 혹은 75~150분의 고강도 운동이 권장 운동량이라고 한다. 이때 중강도 운동은 심박수도 높아지고 호흡도 가빠지지만 말은 할 수 있을 정도의 운동, 고강도 운동은 심장 박동과 호흡이 매우 빨라지는 운동에 해당한다.

많은 이들이 '운동해야 하는데…'라고 절규하는 주말 아침을 보내기에, 어느 정도 공감이 될 수 있을 통계 자료인데 더욱 흥미로운 것은 연령대별 신체활동 부족률 결과에서 볼 수 있다. 우선 공부를 열심히 하느라 시간을 내기 어려운 10대들은 2016년 통계 기준 신체활동 부족률이 94.2%로, 146개 조사 국가 중 꼴찌를 차지했다고 한다. 그 이외의 연령대에서는 20대가 가장 신체 활동률이 높고, 70대 이상이 가장 낮다고 한다. 심지어는 가장 높은 20대조차, 32.3% 정도만이 신체활동 권고를 채운다고 한다.

나는 통계를 보기 전에도 이미 우리나라에서는 그래도 20대가 가장 운동을 열심히 하는 세대라는 것은 무의식적으로 알고 있었다. 그도 그럴 것이, 강연을 다니거나 하며 20대 대학생들과 소통해 보면 많은 이들이 스스로를 가꾸는 것에 대해 매우 높은 가치를 부여하고 있다고 여러 번 느꼈기 때문이다. 많은 이들이 꼬박꼬박 각종 영양제를 챙겨 먹고, 헬스장에 매일같이 나가서 '몸을 만드는' 일들을 어떻게 하면 좋을지 서로 꿀팁을 적극적으로 공유하곤 한다. 이뿐만이 아니다. 제육볶음, 떡볶이로 대표되는 무조건 실패 없는 음식을 마다하고 닭가슴살이나 샐러드 도시락을 챙겨 다니는 20대들을 나는 숱하게 보았다.

요즘은 '웰니스'가 트렌드라고 한다. 단순히 질병이 없는 상태를 넘어서 삶의 질을 최적화하는 것을 목표로 하는 것이다. 신체와 마음의 건강을 통해 사회에서도 건강한 균형을 잡을 수 있다. 이른 아침에, 또는 늦은 밤에 직장과 학업으로 지친 몸을 일으켜 일부러 시간을 내 운동하는 이들의 땀방울은 이를 위한 첫걸음이다.

공복 유산소, 정말 좋을까?

'미라클 모닝', '욜로'처럼, 무엇인지 정확히 설명할 수는 없어도 여기저기에서 무척 많이 듣다 보니 어렴풋이 알 듯 말 듯한 단어들이 우리 주변에는 많다. 운동에 있어서 이러한 단어의 대표적인 예시는 바로 '공복 유산소'가 아닐까 한다. 공복 유산소는 마치 운동계의 치트키처럼 여겨지는 것 같다. 운동으로 무언가 효과를 보고 싶다면 반드시 해야만 하는 무언가로 말이다.

각설하고, 공복 유산소는 정말로 효과적일까? 출근 또는 등교 전에 유산소를 하려면 단잠을 포기하고, 맛있는 아침까지 뒤로 미뤄야 한다. 그런데 정말 그런 힘겨운 대가를 치를 정도로 효과가 좋을까? 답은 그렇기도 하고 아니기도 하다. 우선 공복 유산소는 혈당이 낮아진 상태에서 운동을 하는 것이기 때문에 지방을 운동의 에너지원으로 사용할 확률이 높아진다. 체지방 감량이 목적이라면 꽤 효과적이라는 뜻이다. 그렇다면 혈당이 낮은 것과, 지방을 사용하게 되는 것의 상관관계는 무엇일까?

먼저 우리 몸은 '세포'로 이루어져 있다. 그리고 이 세포는 알고 보면 아주 자그마한 공장이다. 이 공장에서는 포도당을 원료로 에너지라는 생성물을 만들어서 우리 몸에 공급한다. 이 에너지는 'ATP'라는 이름의 포장지로 싸여서 운반된다. 포장지의 원료, 그러니까 ATP의 자세한 기전까지 기억할 필요는 없지만, 핵심은 포도당이 원료라는 점이다. 포도당은 대부분 음식물을 섭취하는 과정을 통해 우리 몸에 들어오게 된다. 그리고 포도당의 마지막 글자인 '당'이 '키맨'인데, 혈액에 포도당 수치가 많은 상태를 혈당이 높은 상태라고 한다. 케이크 같은 아주 달콤한 디저트를 먹으면 혈당 스파이크가 온다고 흔히 말한다. 말 그대로 당을 먹었으니까 혈액에 당이 아주 폭발적으로 많아진 것이다.

다시 돌아와서, 우리가 공복 상태를 유지하게 되면 혈관의 혈당 수치가 낮아지게 된다. 그 상태에서 운동을 하면 운동을 하기 위한 에너지를 세포가 만들어 낼 때 약간 난감함을 느끼게 된다. 당장 사용할 포도당이 없기 때문이다. 그러면 세포는 플랜 B를 동원하려고 한다. 간이나 근육에 임시로 저장해 두었던 글리코겐을 포도당으로 바꾸어서 공장을 가동시키는 것이다. 공복 상태에서 고강도로 운동하면 세포는 어떻게든 빠르게 에너지원으로 쓸 포도당을 얻을 방법을 모색하고, 가장 빠르게 에너지원으로 가져다 쓸 수 있는 글리코겐을 포도당으로 전환시키는 방법을 선택하게 된다. 그런데 이렇게 포도당도 없는 아침 공복 상황에서 고강도 운동을 하는 것을 몸에서는 '과부하'라고 느낀다. 더 나아가 스트레스라고까지 느끼며, '코르티솔'이라는 스트레스 호르몬을 분비한다. 이 코르티솔은 근육 단백질도 얼른 사용하자는 신호를 보낸다. 심지어는 체지방을 축적하는 역할도 하게 된다. 즉 얼른 코르티솔을 달래주지 않으면, 오히려 몸에 과부하를 줄 정도의 고강도 유산소는 고생은 고생대로 하고, 정작 근육은 잃게 만드는 결과를 낳을지도 모르는 것이다.

그렇다면 몸에 과부하를 되도록 주지 않고 체지방 위주로만 효과적으로 '태우려면' 어떻게 해야 할까? 먼저 글리코겐을 어느 정도 다 사용하고 다음 단계로 체지방을 태울 때까지 운동을 오래 하면 된다. 혹은 오히려 저강도나 중강도의 운동을 할 수도 있다. 이렇게 되면 세포 입장에서는 굳이 공장을 휙휙 빠르게 돌릴 필요는 없다. 그러나 여전히 포도당이 없는 상태는 마찬가지라, 드디어 '지방' 사용에 돌입하게 된다. 지방을 대강 큼직하게 쪼개면 중성지방과 지방산으로 나뉘는데 이렇게 쪼개진 형태면 약간의 가공을 통해 포도당처럼 사용이 가능하다.

그리고 눈치챘을 수도 있겠지만, 운동을 하기 위해 필요한 에너지를 만들기 위해서 우리 몸은 기존에 가지고 있던 무언가로부터 포도'당'을 만들어 낸다. 즉 혈당이 오른다. 그래서 당뇨를 앓고 있다면 공복 유산소는 유의해야 한다.

꼭 공복 유산소를 해야겠다면, 혈당을 마구 올리지 않는 선에서 최소한의 음식물을 먹고 운동을 시작하는 것도 방법이 될 수 있다. 바나나 1개 정도를 먹고 운동을 한다면 우리 몸에서는 그 음식물로 초기 연료를 삼아서 이후의 지방대사를 활발하게 할 수 있을 것이다. 그리고 운동을 마친 뒤에는 하루 중 식사를 통해 충분한 양질의 단백질을 꼭 보충해 주어서, 코르티솔이 분비되며 단백질 부족 신호를 내뿜었던 것을 완화해 주는 것 역시 도움이 된다.

공복 유산소 외의 다른 운동법도 마찬가지이겠으나, 다들 좋다고 하는 방법이라도 모든 사람에게 '치트키'가 될 수는 없다. 과학적으로 각자에게 적합한 운동 방식을 잘 찾는 것이 더욱 중요한 것이다.

아침 운동 vs 저녁 운동

언제 운동을 하는지는 운동을 하고자 하는 사람들에게 있어서 최고의 난제가 아닐까? 대개는 개인적 루틴과 경험에 따라 아침 운동과 저녁 운동 중에서 한 가지 선택하게 되는 듯하다. 나도 아침 운동을 선호하기는 하는데, 아무래도 아침에 운동 시간을 잡아두면 더 일찍 하루를 시작하게 되고, 다른 일정에 크게 영향을 받지 않는 데다가, 운동을 마치고 샤워를 하고 개운하게 하루를 시작하는 즐거움이 아주 크기 때문이다.

그런데 실은 이렇게 '느낌' 의존적인 결정이 아니라, 정말 과학적으로 각자에게 적합한 운동 시간이 있다. 아침에 운동을 하면 아주 기분이 좋고, 잠이 확 깨는 느낌을 받을 것이다. 아침 햇살을 받으면 세로토닌이라는 호르몬이 많이 분비된다. 세로토닌은 우리에게 행복감과 안정감을 느끼게 해 주어, 행복 호르몬이라고도 불린다. 특히 걷기 등 유산소 운동을 할 때도 세로토닌 분비가 촉진되기 때문에 혹시 우울증이있다면 아침 햇빛을 받으며 운동하는 것이 좋다. 불면증이 있어도 아침에 운동하는 것이 좋다. 불면증이 있는데 밤에 운동을 한다면 운동을 할 때 나온 아드레날린으로 잠을 이루기 더 어려워질 것이기 때문이다. 아드레날린은 스트레스를 받을 때 분비되는

'위기 대응 호르몬'이다. 그렇기에 아침에 적당히 운동을 해서 아드레날린을 미리 분비하게 되면 그날의 작업이나 업무 효율도 좋아질 수 있다.

그러면 반대로, 저녁에 운동을 하는 게 좋은 사람들은 어떤 경우일까? 당뇨나 소화불량, 역류성식도염 등이 있는 사람이라면 저녁 운동이 좋다. 식후에 바로 격한 운동을 하는 것은 소화에 해가 될 수 있어 대부분 아침 운동은 공복 상태로 진행되는데, 앞에서 말한 것처럼 당뇨 환자가 공복 상태에서 운동을 하면 혈당이 급격히 올라가기 쉽기에 저녁 운동이 좋은 것이다. 또한 소화불량이나 역류성 식도염이 있다면 저녁에 운동하는 것이 소화를 돕고 음식물의 역류를 막아줄 수 있다. 게다가 저녁 식사 후 가벼운 운동을 하게 되면 혈당 스파이크를 막고, 포도당을 소비하기 때문에 혈당 관리에도 좋다. 게다가 소화기관 역시 근육이기 때문에 운동은 장기적으로 보았을 때 위장관 혈류를 증가시켜 소화 효소 분비를 도울 뿐 아니라, 운동을 통한 음식물 이동도 도와주는 역할을 하게 된다. 다만 너무 강도가 높은 운동은 오히려 소화를 방해할 수 있어서 이 부분은 주의가 필요하다.

아침 운동과 저녁 운동 중 어떤 것이 좋으냐만큼이나 사람들이 궁금해하는 운동계의 난제로, 근력 운동과 유산소 운동의 순서에 대한 갑론을박이 있다. 사실 무얼 먼저 하는 것이 좋은지에 대해서는 운동의 목적에 따라 조금씩은 다를 것이다. 그러나 대부분 운동 목적인 '체지방 감소'에 초점을 맞춘다면 근력 운동을 먼저 하는 게 좋다고 한다. 최근 연구결과에 따르면 근력 운동을 하고 나서 유산소 운동을 하게 되면 반대 순서보다 체지방이 훨씬 더 많이 줄고, 전반적인 하루의 활동량, 즉 체력도 증가하는 추세를 보였다. 과학적으로는 근력 운동을 먼저 해서 저장되어 있던 글리코겐이 부족하도록 만들고, 이후에 유산소 운동을 했을 때 지방 소모가 더 잘되기 때문이라는 이유와 함께, 유산소 운동을 먼저 해버리게 되면 몸이 지쳐버려서 근력 운동을 할 때 효율이 좋지 못하다는 이유를 꼽을 수 있다. 중요한 것은 자기가 운동을 하는 목적이 무엇인지 인지하고, 그에 맞는 방식을 선택하는 것이다.

어쨌든 하기만 하면 된다고?

체지방이니, 호르몬이니, 운동 한번 잘 해보자고 알아야 할 게 많기도 하다. 최적의 운동 방법을 찾기 위해 이렇게나 많이 알아보고 비교해야 한다는 사실에 이미 지쳐서 운동과 점점 멀어지는 이들도 많을 것이다. 사실 나 역시 운동을 하는 것만 해도 힘든데, 이것저것 따지고 보는 게 오히려 운동에 대한 진입장벽을 높인다고 느낄 때가 많다. 헬스장에 다니면서 제일 힘든 일이 '헬스장에 가는 것'이라는 말도 있지 않던가. 그런 사람이라면 이것저것 재고 따지기보다 일단 몸을 움직여 보는 게 더 좋을 수도 있다. 심지어 힘든 운동만이 몸에서 '운동'으로 인정해 주는 것도 아니기 때문이다.

먼저 어쨌든 운동에 대한 거부감이 크게 없다면, 20분 이상으로 옆사람과 대화도 가능할 정도의 저강도 운동만 해주어도 좋다. 이렇게만 하더라도 지방이 소비되고, 식욕이 억제되며, 근육량과 기초대사량이 증가하는 효과를 볼 수 있다고 한다. 하지만 이 정도의 저강도 운동도 하기 힘들어하는 이들이 많기 때문에, OECD 국가들 가운데서도 한국이 단연 운동부족 국가로 손꼽히는 것이 아닐까.

이런 이들을 위한, 무척 반가운 희소식이 있다. 바로 최근 《네이처 메디신Nature Medicine》에 실린 시드니대학교 찰스 퍼킨슨센터에서 연구한 'VILPA' 운동 방법이다. VILPA는 Vigorous Intermittent Lifestyle Physical Activity의 약어로, 번역하자면 간헐적 고강도 신체활동이라는 뜻이다. '고강도'라는 말에 흠칫 놀랐을 수 있지만 듣고 보면 여기서 말하는 고강도 운동은 그리 고강도도 아니다. 이 연구에 따르면, 시간을 내어 각 잡고 운동을 하지 않더라도 하루에 8회 정도 평균 45초의 고강도 활동을 해주면 건강에 충분히 유의미한 효과를 얻을 수 있다. 이를 시간으로 환산하면 하루에 고작 6분에 불과하다. 연구진이 이 논문에서 제안한 '고강도 활동'은 빠르게 걷기, 계단 걷기 정도로, 생각보다는 꽤 괜찮은 강도의 운동이다. 이런 활동을 매일 3회씩 하기만 해도 심혈관 질환으로 사망할 위험은 48%나 감소한다고 한다.

어디서 유래했는지는 알 수 없으나 자라면서 귀에 못이 박이도록 듣던 말 중에 '안 하는 것보다는 뭐라도 하는 게 낫다'라는 것이 있다. 운동에서도 이 진리는 통용된다. 갑자기 '고강도' 운동을 시작할 수 없다면, 'VILPA'를 통해서 생활 습관을 점진적으로 바꿔가는 습관을 들여보는 건 어떨까?

한 번에 큰 걸음을 딛는 게 어려워서 아무것도 안 하고 가만히 있는 것보다, 이렇게 조금씩이라도 운동 습관을 들여보면 생각보다 많은 변화를 느낄 수 있을 것이다. 하루 6분 정도의 투자가 인생을 변화시킨다면, 이는 결코 헛되지 않은 투자일 테니 말이다.

제로면 다 괜찮을까

단맛은 무척이나 매력적이다. 어느 정도로 매력적이냐면, 보통 땡땡이를 치거나, 여러 가지 이유로 휴식을 취할 때 우리가 어떻게 말하는지 생각해 보면 바로 알 수 있다. '달달하다'라든지, '꿀 같은 휴식' 같은 문구를 SNS에 여유로운 햇살이 내리쬐는 풍경을 배경으로 한 사진과 함께 슬쩍 올린 적이 있을 것이다. 즉 우리의 관념 속에서 '달콤한 것, 그리고 꿀 같은 것'은 무어라 형용할 수 없을 정도의, 설명하기에는 몹시 애매한, 그러나 분명한 행복과 기쁨을 가져다주는 요소임은 분명하다.

단 음식은 스트레스 해소에도 어느 정도 효과가 있다. 할 일이 잔뜩 쌓여서 스트레스를 받을 때면 입버릇처럼 "어우, 당

떨어져"라거나 "당 땡긴다"라고 되뇌며 시럽이 가득 든 바닐라 라테나, 과자를 주섬주섬 먹는 모습들을 많이 보았다. 이러한 단 음식은 뇌가 정상적으로 기능할 수 있도록 즉각적인 에너지를 선사한다. 그뿐만이 아니라 쾌락중추까지 자극해서 호르몬에 있어서도 행복감을 듬뿍 느끼게 해 준다.

그러나 우리는 알아야 한다. 세상에 무조건적으로 좋기만 한 건 거의 없다는 것을 말이다. 아니, 그런건 아예 없을지도 모른다. 실제로 이 '당'이라는 녀석도, 한 손에는 '행복함'을 가득 쥐고 있지만, 다른 한 손에는 '당뇨', '혈당', '체중 증가' 등 개운치 않은 여러 패를 슬며시 쥐고 있으니 말이다.

정말로 단것이 너무 먹고 싶은데, 당뇨나 체중 조절 등으로 먹지 못한다면, 삶은 이보다 괴로울 수가 없을 것이다. 과학과 기술은 이러한 인류의 서글픈 절규에서 시작되고, 그 절규의 산물로 만들어진 것이 바로 '제로당'이다.

'제로당'은 바야흐로 지금 이 시대의 왕 격이라고 말할 수 있을 것 같다. 음료, 아이스크림, 젤리, 사탕, 과자에 이르기까지 '제로'인 제품들은 무척이나 쉽게 찾아볼 수 있다. 단맛을 애정하지만 높은 칼로리에 애써 눈길을 거두던 많은 이들은 '제로' 덕분에 거침없이 단맛을 소비할 수 있게 되었다. 진열대를 곳곳에 자리한 제로 제품들로 말이다.

그런데 과연 우리들의 일상을 어느 순간 성큼 장악해 버린 이 제로, 막 먹어도 괜찮을까? 어떻게 먹어야 최적화해서 먹을 수 있을까?

'제로' 길도 한 걸음부터. '저당'과 '제로'의 오묘한 관계

편의점이나 마트, 인터넷 쇼핑몰에서 칼로리를 생각한 소비를 하다 보면, 문득 궁금해지는 것이 있다. 어떤 제품에는 '저당'이라고, 어떤 곳에는 '제로'라고 표시가 되어 있다는 것이다. 둘 중 어떤 글씨가 담겨 있든 무진장 강조를 한 라벨이 붙어 있는 것으로 보아, 둘 다 소비자의 눈길을 매혹하기 위함이라는 것은 확실하다. 그러나 과학적으로 두 종류는 엄연히 다르다.

먼저 저당低糖은 말 그대로 당이 적은 걸 의미한다. 식품의약품안전처 기준에 따르면, 식품 100g당 5g 미만이거나, 100ml당 2.5g 미만의 당을 포함할 때 상품 명에 '저당'이라는 명칭을 붙일 수 있다고 한다. 수치상으로는 와닿지 않을 수 있지만 이건 꽤나 적은 양이다. 일반적으로 우리가 달다고는 느끼지 않는 담백한 식빵만 하더라도 100g당 대략 8~10g의 당을 가지고 있으니 말이다. 그렇기에 우리가 흔히 떠올리는 '단 음식'들과 비교했을 때는 '저당' 식품들도 유의미하게 당 섭취를 줄일 수 있는 선택지이다. 그러나 우리는 애매한 것보다는 확실한 최적화를 원하는 '쇠뿔도 단김에 빼는 방법'을 선호할 때가 있다. 그런 이들에게는 '제로'가 좀 더 확실하게 좋은 선택지라고 할 수 있다. 이때 '제로'라는 표기도 두 가지 표기 종류가 있기 때문에 주의 깊게 확인하는 것이 중요하다. 먼저 '제로당'은 말 그대로 당류만 제로인 것이다. 100g 또는 100ml당 0.5g 미만의 당을 포함하고 있으면 '제로당'이라고 표기할 수 있다. '제로 칼로리'는 더욱 철저한 기준을 가지고 있다. 100ml당 열량이 4kcal보다 적을 때만 저 이름을 표기할 수 있다.

'제로 칼로리'와 '제로당'은 비슷한 이름 탓에 그 정체도 비슷하다고 생각할 수 있지만, 실은 완전히 다른 개념이다. 두 용어를 헷갈리면 안 되는 아주 유명한 예시로, '제로 소주'가 있다. 여기에서의 '제로'는 '제로 칼로리'가 아니고, '제로당'을 의미한다. 안타깝게도 이 제로 소주들은 당만 '제로'이고, 여전히 대략 한 병당 315kcal의 칼로리를 가지고 있으며, 이는 무려 쌀밥 한 공기 정도에 해당한다! '제로'라는 이름만 보고 칼로리가 없을 것 같다고 생각하면 안 되는 것이다.

약간 속은 기분이 들 수도 있다. 하지만 어찌 되었든 수많은 '제로' 제품들이 세상에 등장하면서 조금 더 맛있는 음식을, '길티 플레저'가 아닌 '헬시 플레저'로 즐길 수 있다는 것만으로도 우리는 꽤 러키하다. 게다가 이 글을 읽고 '저당', '제로당', '제로 칼로리'까지 꼼꼼하게 살피며 소비할 수 있게 되었다면? 우리는 이 '제로' 세상을 과학적으로 즐길 준비가 완료된 것이다.

'제로'만 먹으면 배 아팠던 사람들

'제로'라는 표기도 언뜻 보기엔 비슷해 보여도 알고 보면 서로 다른 것들이 혼재되어 있었던 것처럼, 우리가 퉁쳐서 가볍게 부르는 말들 이면에는 실은 어마어마하게 복잡한 무엇인가가 숨어 있을지도 모른다. 아니, 대부분의 현대 문물들이 다 그러한 듯하다. 당장 방금 집어 먹은 과자의 성분표만 보더라도 아마 이해하지 못하는 성분들이 절반 이상일 것이다. 씻고 나와서 바르는 화장품들의 성분은 또 어떤가. 아마 절반 정도는 처음 들어보는 수수께끼 같은 말들 투성이일 것이다.

앞에서 살펴보아 조금은 친숙해졌다고 느낄 수도 있을 '제로당' 역시 마찬가지로 종류가 어마어마하게 많다. 그리고 그 많은 종류만큼, 다양한 상품들에 다양한 당들이 사용된다. 그 중 어떤 당들은 과하게 섭취하면 건강에 치명적일 수도 있다는 연구결과가 발표되기도 했다. 어떤 제로당이 사용되었는지 확인하지 않고, 단지 '제로'라고 적혀 있다고 마음 놓고 먹는 것은 다소 위험하다는 것이다.

건강이 심각하게 나빠지는 정도까지는 아니더라도, 제로 음료만 먹으면, 제로 아이스크림만 먹으면 안색이 창백해지면서 잠시 화장실로 사라지는 이들이 있다. 왜 그럴까? 그것도 다 특정한 제로당 때문이다.

너무나 궁금해서 발을 동동 구르고 있을 여러분들을 위해, 제로당을 샅샅이 풀어내어 건강을 해치지 않는 선에서 최적화해서 가장 즐겁게 즐기는 비법을 소개해 보려고 한다.

먼저 제로당의 특징을 파악하는 게 급선무이다. 이 제로당은 어떻게 만들어졌는지, 어떤 성분으로 이루어졌는지에 따라 크게 인공감미료, 천연감미료, 당알코올 등으로 분류할 수 있다. 그리고 단맛을 가지고 있는데 칼로리가 없는 것이 가능한 전략은 크게 두 가지로 나뉜다. 우선 어떤 제로당은 심하게는 설탕의 몇 백배 정도의, 쓰다고 느껴질 정도로 엄청난 단맛을 가지고 있어서 설탕보다 말도 안 되게 조금만 넣어도 충분한 단맛을 낼 수 있다. 가장 대표적인 것이 어릴적 옥수수를 삶을 때 살짝 넣어주곤 했던 '사카린'인데, 당이나 열량이 없다고 봐도 괜찮을 정도로 아주 조금만 넣어도 충분한 단맛을 낸다.

무척이나 달긴 단데 몸에서 소화를 전혀 못 시키기에 '제로당'으로 분류된 종류들도 있다. 우리가 섭취한 음식물은 소화를 시켜야 비로소 칼로리로서 우리 몸에 쌓이고, 에너지로도 사용될 수 있다. 소화가 되지 않는 것들은 그저 의미 없이 소화기관에 머물다 다양한 방법으로 배출될 뿐이다. 흡수가 되지 않는다는 건 또 다른 장점이 있다. 칼로리가 쌓이지 않는 것과 동시에 혈당을 높이지도 않는다. 당뇨를 앓고 있는 분들에게는 걱정 없이 먹을 수 있는 효자 제품인 것이다.

그렇다면 이런 제로당은 무조건 많이 먹어도 괜찮을까? 그렇지는 않다. 많이 먹으면 위험할 수도 있는 당들도 있기 때문에 잘 알고 먹는 것이 중요하다. 심지어 우리가 어디에서인가 들어보았을 꽤나 유명한 당들도 이에 해당한다. 물론 시중에 판매되는 식품을 일상적으로 섭취하는 수준이라면 큰 문제가 생기는 것은 아니지만, 장기간 많은 양을 섭취하게 되면 위험할 수도 있다는 정도라고 이해하면 좋다. 여기에는 실제 연구 결과가 나온 당들만 소개해 보려고 한다.

먼저 '수크랄로스'는 그 자체로는 칼로리는 없는 제로당이기는 한데 뇌의 신진대사 조절 부위를 지속적으로 변화시키기 때문에 주의해야 한다. 식욕을 촉진해서 더 많은 당을 섭취하도록 하기 때문이다. '에리스리톨'은 심혈관계 질환자들에게 혈전을 유발할 수 있다. 그래서 혹시 본인이 심혈관계 관련 조심해야 하는 부분이 있다면, 성분 중 에리스리톨이 포함된 제로는 피하는 것이 좋다. 안타깝게도 많은 '제로 음료'들에 이 에리스리톨이 포함된 경우가 많아서 꼭 성분표를 확인하고 섭취를 하는 것이 권장된다.

'아스파탐'은 세계보건기구(WHO)에서 발암물질2B로 분류한 물질이다. 다만 2B는 비교적 심각한 물질은 아니다. 김치, 피클과 같은 절임채소류 역시 같은 2B 그룹에 속하며, 더 높은 등급인 1군 발암물질로 분류된 담배나 술보다 낮은 발암 가능성을 가진다고 한다. 이 아스파탐은 주류, 음료, 캔디 등 다양한 곳에 널리 쓰이고 있다. 안심할 만한 이야기를 덧붙이자면, 아스파탐의 1일 기준 성인 일일섭취허용량은 1kg당 40mg이고, 이 양은 체중 70kg 정도의 성인이 하루에 2L짜리 페트병에 담긴 탄산음료를 5~6병 정도 먹었을 때 채울 수 있다. 그리고 식약처의 2019년 조사에 따르면 우리의 아스파탐 평균 섭취량은 1일 섭취 허용량 대비 0.12% 정도로 매우 낮은 수준이라고 한다.

조금 무서운 이야기를 했으니, 경제적인 이야기를 해보려고 한다. 바로 제과나 제빵에 관심이 있다면 한 번쯤 꼭 들어보았을 '알룰로스'에 대한 이야기이다. 알룰로스는 물엿이나 시럽의 대체재로 정말 많이 사용된다. 설탕과 비슷한 정도의 단맛을 가지고 있는 데다가 액체 형태로도 판매가 되어서 비싸다는 단점만 제외하면 사용하기 편리하다는 장점이 있다. 이 알룰로스는 조금 더 건강한 빵이나 쿠키류를 만들기 위해서도 많이 사용되는 것으로 알려져 있는데, 여기에는 알게 되면 조금 슬픈 사실이 숨겨져 있다.

알룰로스는 과당에서부터 합성한, 소화가 되지 않는 대체당으로 분류가 된다. 그런데 이 알룰로스를 섭씨 85도 이상에서 가열을 하면 1시간에 5% 정도의 비율로 다시 과당으로 전환이 된다. 설탕보다 훨씬 비싼 값을 주고 샀는데 가열을 하게 되면 일부이지만, 다시 칼로리가 있는 과당으로 돌아가는 것이다. 그래서 알룰로스를 제과나 제빵에 사용할 때 제로당으로의 완벽한 기능을 수행하게 하고 싶다면 저온 요리에 넣거나, 제빵이 완료된 후에 사용해야 한다.

그리고 알룰로스가 시럽의 대체재로도 많이 활용되면서 간단하게 식사를 대체할 때 그릭요거트에 넣어서도 먹고, 음료에도 시럽 대신 넣어 마시는 경우도 있다. 칼로리가 없다는 기쁨에 다양한 요리에 사용하다 보면 결과적으로 한 끼니에 꽤나 많은 양을 먹게 되기도 한다. 그러나 알룰로스는 몸무게 1kg당 1회에 0.4g을 섭취하는 것이 권장량이다. 이보다 많이 먹게 되면, 알룰로스는 같이 섭취한 탄수화물도 불완전하게 흡수하게 한다. 그렇게 되면 덜 흡수된 남은 탄수화물이 장에 도달하게 되고 장내 미생물이 이를 발효시킨다. 가스가 생기고, 복부 팽만감과 헛배부름을 유발하며, 우리를 화장실로 향하게 만들 수도 있다.

화장실을 부르는 제로당은 이뿐만이 아니다. 대부분 '당알코올'로 분류되는 제로당들은 화장실과 우리를 무척 친하게 만들어 준다. 구별하는 방법은 이름이 '-톨'로 끝난다는 것이다.

이들 중 심지어 어떤 제로당은 그 특성을 잘 활용하여 변비약의 주 성분으로 사용되기도 한다. 흔히 '푸룬 주스'라고 알려진 주스에도 들어 있는 성분인 '소르비톨'이다. 물을 빨아들이는 성질을 가지고 있어서 변비 해소에 탁월하다고 한다.

이 '톨' 가문 중 우리에게 무척이나 친숙하고 귀여운 녀석이 있다. 바로 '자일리톨'이다. 어릴적 핀란드 자작나무 숲이 나오며 '휘바~ 휘바~' 노래를 부르던 광고에 등장하던 이 '자일리톨'은 우리와 함께한 역사가 꽤나 길고, 그만큼 많은 이들이 '제로당'으로 미처 인식하지 못하고 있기도 하다. 이 자일리톨 광고를 가만 되짚어 보면, 자기 전에 아이들이 껌을 씹다가 양치도 안 하고 잠이 든다. 껌이 꽤 달콤한데, 핀란드 아가들이 충치가 안 생겼을까?

정답은 충치가 생기지 않는다. 이 '톨' 가문들, 즉 당알코올은 에너지원으로 사용될 수 없다. 그저 몸을 스쳐 지나가는 것이다. 그런데 사람만 에너지원으로 사용 못 하는 것이 아니라, 입안의 충치균도 자일리톨을 에너지원으로 사용할 수 없다. 이들 충치균은 원래 설탕과 같은 '당'을 먹고, 산을 만들어 낸다. 이 산이 치아를 부식시키면서 충치를 만들게 된다. 그래서 충치균은 자일리톨도 설탕과 같은 당류라고 생각해서 계속 먹게 된다. 하지만 흡수가 되지 않고, 산을 만들어 낼 수도 없기 때문에 충치도 생기지 않을뿐더러 에너지를 얻지 못하고 계속 배가 고파진 충치균은 결국 안타까운 아사를 맞이하게 된다.

마지막으로 '-톨'로 끝나지만 제로당이 아닌, 주의해야 할 당을 소개해 보려고 한다. 바로 '말티톨'이다. 아마 제로당 제품에 관심이 있는 이라면 한 번쯤 들어보았을 수도 있을 이름이다. '저당', '제로당' 제품이 나오기 시작한 초기 시장에서는 이 말티톨을 이용한 제품들도 꽤 출시가 되었기 때문이다. 그렇다. 말티톨도 이름에서 알 수 있듯이 당알코올로 분류되기는 한다. 즉 이 물질 자체에는 '당'은 없다. 하지만 말티톨을 우리가 섭취하면 상황은 조금 달라진다. 말티톨은 체내에서 일부 포도당으로 전환이 되고, 일부는 소장에서 흡수가 된다. 그렇기 때문에 높은 혈당지수를 보이고, 칼로리도 가지고 있다. 지금은 '가짜 제로'라는 별명도 얻게 된 이 말티톨은 특히 당뇨나 혈당 관리가 필요하다면 꼭 성분표를 확인해서, 가능하면 피하는 것이 좋다.

단맛에 대처하는 우리의 자세

여기까지 온 여러분은 대략 어떤 당들을 어느 정도 먹고, 어떤 부분을 조심해야 할지 알게 되었을 것이다. 제로당은 분명 설탕만 존재하던 세상에 새로운 빛을 뿜어내고 있는 것은 확실하다. 특히 자연에서 얻어진 나한과, 미라클베리 같은 몇몇 제로당을 제외하고는 이들 제로당은 대부분 실험실에서 합성이 되었다. 이들은 건강과 혈당 조절에 대한 관심이 증가한 인류의 필요의 목소리에 의해 새롭게 등장하게 된 것이다.

2025년 기준 우리나라 전체 탄산음료 시장의 30%는 제로 음료로 채워졌다고 한다. 이는 그만큼 '제로'가 우리의 일상에 제대로 자리 잡았다는 방증이기도 하다. 많은 이점이 있는 데다가 과학과 공학이 우리에게 가져다준 매력적인 선택지인 '제로당', 하지만 새롭게 탄생한 물질이니만큼 아직까지 그

실체가 완벽하게 드러나지 않았다는 것도 꼭 염두에 두고 과학적으로 현명한 소비를 하는 것이 필요하다.

최근 연구에 따르면, 이러한 제로당은 장내 미생물 환경을 변화시킬 수 있다고 한다. 그리고 단맛에 익숙해진 나머지 '당 중독' 현상을 보이며 결과적으로는 당을 더 많이 섭취하게 된다고도 한다. 우리가 먹는 모든 음식에 대해 어떤 단맛을 내는 물질을 사용했는지 완벽하게 통제하는 것은 거의 불가능에 가깝기 때문이다

새로운 물건을 살 때는 '설명서'를 잘 읽는 것이 중요하다. 제품의 장점과 단점을 잘 알고, 그 정보를 바탕으로 단점을 감수하고도 장점을 얻기 위해 내가 선택할 수 있는, 혹은 선택하고 싶은 영역을 택하는 것이 가장 과학적이고 가치 있는 소비일 것이기 때문이다. 한편 일상에서 우리는 관습적으로, 남들을 따라서 소비할 때가 많다. 나 역시도 '제로'라는 이름만 보고 혹해서, '칼로리나 당이 없으면 무조건 좋겠지.' 라는 주변의 목소리에 이끌려 득과 실을 따져보지 않고 구매해 버리곤 했으니 말이다. 분명 건강 관리를 하면서도 맛있는 걸 먹을 수 있다는 '헬시 플레저'는 과학 기술이 선사해 준 멋진 선물임에는 분명하다. 그러나 무작정 소비하기보다는 조금 더 꼼꼼히 설명서를 읽고 과학적으로 제로 제품을 선택해 보면 어떨까!

술자리에서 살아남기

본격적인 술 이야기를 시작하기에 앞서, 실은 요즘 2030 세대의 술 소비량은 빠르게 감소하고 있는 추세라고 한다. 실제로 주변을 봐도 '논알코올' 모임이 정말 많을뿐더러, 술자리에서도 술을 강권하는 분위기는 찾아보기 어렵고, 술 대신 콜라와 같은 다른 음료를 선택하겠다고 당당하게 말하고 자연스럽게 수용하는 분위기가 주류로 자리 잡아가는 듯 보인다. 이러한 흐름에는 자기계발, 건강, 그리고 웰빙을 중시하는 MZ 세대의 문화도 한몫한다고 한다. 이렇게 줄어드는 주류 소비에 대응하고자 주류 시장도 발빠르게 변화하고 있다. 바로 마시나 취하지 않는, '무알코올 주류'를 확대하는 것이다. 실제로 무알코올 주류 시장은 빠르게 성장하고 있고, 이미 2025년 기준 40여 종을 넘어섰다고 한다.

백해무익하다고 여겨지는 요즘 술의 위상과는 달리, '술'이 인생의 동반자이자, 어른들의 특권처럼 다뤄지던 시기가 있었다. 어릴 적 TV나 영화에서는 수능이 끝난 고등학생들이 새해가 되자마자 이마에 주민등록증을 마패처럼 이마에 딱 붙이고 우르르 술집들로 몰려가는 장면들이나, 수학여행을 가는데 호기심을 이기지 못하고 집에서 소주 한 병을 슬쩍 숨겨 왔다가 '학주쌤'에게 걸려 먼지가 나도록 혼나는 장면들이 심심찮게 나오는 단골 소재였으니 말이다. 실제로 성인이 되기 전까지는 술에 대한 막연한 환상이 있기도 하다. '나의 주량은 어느 정도일까?', '취하면 정말 취중진담을 하게 될까?'와 같은 귀여운 호기심도 덤이다.

그 시기도 잠시, 어른이 되고 나면 곧 친구들과, 학과에서, 동아리에서, 회사에서, 동료들과, 정말 수도 없이 많은 술자리가 여러 행사마다 우리를 반기며 인생을 빼곡히 채워나간다. 이런 자리들을 우리는 '풍류'라고도 한다. 술과 맛있는 음식, 그리고 좋은 사람들과 함께하는 자리는 최고의 자리라고들 한다. 사회의 모습은 조금 변화했을지라도, 여전히 술은 우리의 삶에서 '낭만' 그리고 '추억'을 담당하고 있다. 어쩌면 술이 없었다면 우리의 삶은 다소 적막했을지도 모른다. '취중고백'이라는 말처럼, 술은 조용하고 침묵하던 이들에게도 용기를 주고, 목소리를 높이게 해 준다.

한편, 술을 좋아하는 이들에게 술자리는 행복하기만 한 시간일 수 있겠으나 빨리 취하거나 숙취가 심한 이들이라면 다가오는 회식, 언제나 술판으로 이어지는 약속은 마냥 즐겁기보다는 후일이 걱정되는 고된 시간이기도 하다. 아니, 심지어는 술을 아무리 좋아하는 이들이라도 마구 폭주하다가 본인의 한계를 넘기고 다음 날 숙취로 골골거리며, "나 술 끊는다. 일주일 내로 또 술 마시면 내가 개다"라고 하는 걸 나는 정말 많은 이들에게 수도 없이 들었다. 그리고 그들 중 거의 대부분은 안타깝게도 일주일을 채 지키지 못하고 다시 술자리로 발걸음을 옮기고 또 숙취에 시달리는, 반복되는 모습 역시 숱하게 보았다.

감성 가득한 술에 대한 드라마, 영화, 노래는 어떠한가. 당장 떠오르는 것만 수십 개이다. 〈소주 한잔〉, 〈술 한잔 해요〉 등 술을 한잔 함께 하자거나, 술자리에서 얽힌 아련하고, 낭만적인 에피소드들이 담긴 콘텐츠들은 차고 넘친다. 비단 콘텐츠뿐만이 아니다. 굳이 멀리까지 가지 않더라도 주변 이들에게 들은, 혹은 더 가까이 나 자신의 에피소드만 떠올리더라도 영원히 묻어두고 싶거나, 라디오에 소개해도 좋을 정도로 흥미진진한 것들이 모두에게 있으리라 생각한다.

이렇듯 술은 마치 가장 가까운 친구처럼 언제나 우리의 삶의 여정을 '밀착 마크'한다. 때로는 '소주'의 모습으로, 가끔은 '맥주', '와인', 아니면 다른 각기 다른 모습으로 얼굴을 바꾸지만 그 본질은 동일하게 말이다.

바로 '알코올'이다.

알코올, 너는 도대체 뭐길래

술을 좋아하는 사람을 흔히 애칭처럼 '알코올 러버'라고 부르는 것처럼, '알코올'이라는 단어 자체는 우리에게 몹시 익숙하다. 그리고 우리를 취하게 만드는 술의 핵심 성분이 '알코올'이라는 점 역시 아마 대부분 사람들이 알고 있을 것이다. 하지만 정확히 알코올이 뭔지, 알코올이 어떻게 우리를 취하게 만드는지 설명할 수 있는 사람은 그리 많지 않을지도 모른다. 정확히 말하면 우리가 생활 속에서 흔히 알코올이라고 부르는 에탄올(C_2H_5OH)에 대해서 말이다.

과연 이 에탄올은 어떻게 우리를 취하게 만들까? 우리가 술을 마시게 되면 식도를 타고 내려간 술은, 위에서 대략 10%, 소장에서 나머지 90%가 흡수된다. 이렇게 흡수가 된

알코올은 뇌에 영향을 미치게 된다. '가바 수용체'라는 곳에 알코올이 붙게 되면, 신경 전달이 느려지면서 판단력이나 움직임이 느려지는 몽롱한 상태가 찾아오고, 이걸 우리는 '취했다'고 말한다. 이 기분은 알코올이 분해가 될 때까지 지속된다.

술을 마시면 몽롱해지기만 하는 건 아니다. 웃음이 새어 나오고 신이 나고 즐거워진다. 마구 웃으며 이야기하다가는 흑역사를 만들기 십상이다. 이것도 술이 가져다주는 과학 때문인데, 알코올은 행복감과 만족을 주는 호르몬들인 도파민과 세로토닌 분비도 촉진을 시킨다.

이처럼 술은 우리에게 이성을 잠시 잊게 해 주고, 기쁨도 가져다지만 한편으로는 그 기쁨이 퇴색될 정도로 잔인한 숙취를 안겨주기도 한다. 깨질 것 같은 머리, 메슥거리는 속으로 일상에 지장이 갈 정도로 힘들었던 경험이 한 번쯤은 있을 것이다. 이 역시 알코올 때문이다. 더 정확하게는 알코올이 배출되기 전 우리 몸에서 분해 과정을 거치기 때문인데, 알코올(에탄올)은 아세트알데하이드를 거쳐 아세트산의 형태로 배출이 된다. 이때 중간 단계인 '아세트알데하이드'가 우리가 느끼는 숙취의 주된 원인이다.

우리가 술이라고 칭하는 모든 것에는, 이 '에탄올'이 들어 있다. 에탄올이 선사하는 다양한 술의 매력에 대해 속속들이 알아보고 나에게 딱 알맞게 이용하고 즐기는 것이 술자리에서의 최적화 비법이 아닐까.

쌓여가는 술잔 속, 지피지기면 백전불태

이쯤 왔으면, 문득 궁금증이 들 수 있다. 각자 좋아하는 주종을 떠올리며, 그 주종에 대한 특이사항을 알고 싶다고 말이다. 우리들이 술자리에서 자주 마시게 되는 주종으로는 소주, 맥주, 막걸리, 와인을 비롯해, 위스키를 비롯한 흔히 양주라고 말하는 술 정도를 생각할 수 있다. 이렇게 다양한 종류의 술들은 만드는 방식에 따라 크게 세 가지로 구분할 수 있다. 바로 희석식 소주, 발효주, 그리고 증류주이다.

먼저 '희석식 소주'라고 한다면 조금 생소할 수도 있을 것이다. 그렇지만 이 술은 사실 우리가 가장 많이들 마시는 '친구' 같은 술이다. 대부분 초록색의 병에 담긴 투명한 술들이고 일명 '소주'로 불리고 판매되는 '진로', '처음처럼', '참이슬' 등과 같은 대부분의 술이 바로 '희석식 소주'이다. 이 종류의 술들은 이름에서 알 수 있듯이, 말 그대로 알코올을 희석해서 제조사별로 원하는 적절한 도수의 술로 탄생시키게 된다.

이들은 생산단가가 굉장히 낮다는 점, 그리고 숙취가 심하고 끝맛이 쓰다는 특징을 가지고 있다. 이 특징을 갖게 된 배경은 무척이나 과학적이다. 먼저 생산을 하는 과정을 살펴보면, 고구마나 카사바 같은 전분이 많은 저렴한 식물성 탄수화물을 발효를 시킨 뒤 계속 증류시켜서 거의 100% 알코올만 남긴다. 이 상태를 '주정'이라고 한다. 주정에 물을 섞고, 적절한 감미료를 첨가하기만 하면 바로 우리가 아는 초록병에 담긴 소주, '희석식 소주'가 완성된다. 이때 감미료와 같은 첨가물은 일종의 화학물질이기 때문에 이 첨가물이 들어간 희석식 소주는 알코올과 감미료의 화학물질들까지 함께 체내에서 분해를 해야 한다. 감미료가 추가되지 않은 다른 술들에 비해 희석식 소주가 숙취가 심한 이유이다.

술자리에서 소주와 양대산맥을 이루는 또 다른 술이 있으니, 바로 맥주이다. 맥주, 와인, 막걸리와 같은 술의 특징은 '발효 과정'을 통해 만들어진 '발효주'라는 것이다. 발효주는 머리카락 두께의 30분의 1 정도 되는, 심지어 세포 하나로 이루어진, 아주 작은 효모라는 생명체로부터 탄생하게 된다. 효모는 산소가 풍부한 환경에서는 사람이 에너지를 얻는 방식과 동일하게 산소를 사용하여 포도당을 완전히 분해하며 에너지를 얻게 된다. 그러나 산소가 없을 때는 별수 없이 포도당을 효율적으로 완벽히 분해하는 건 포기하고, 대신 산소 없이 '적당히 분해'하고 적은 에너지를 얻는 '차선책'을 선택하게 된다. 그 차선책이 우리가 익히 아는 '발효'인 것이고, 적당히 분해된 산물이 바로 알코올이다.

이 효모와 관련된 참으로 귀엽고도 안타까운 이야기가 있다. 우리나라에서 마시는 가장 대표적인 발효주는 바로 막걸리이고, 그만큼 시중에 정말 다양한 막걸리를 팔고 있다. 그런데 혹시 18도가 넘는 막걸리를 본 적이 있을까? 효모 이야기를 한다고 했는데 갑자기 막걸리 도수를 이야기해서 의아할 수도 있겠으나 같은 맥락이다.

효모는 살기 위해서 발효를 통해 알코올을 생성하고 에너지를 얻는다. 그런데 발효를 하면 할수록 효모가 살고 있는 알코올 농도가 점점 높아지게 된다. 그런데 대부분의 효모는 알코올 농도가 18도 정도를 넘으면 더 이상 생존할 수 없다. 알코올이 효모의 세포막을 손상시키고 대사를 방해하기 때문이다. 쉽게 말해 효모가 죽어버리기 때문에, 자연 상태에서 얻을 수 있는 발효주는 18도를 넘기 어렵다(여담이지만, 최근에는 주조 공정 기술의 발달에 따라 18도가 넘는 막걸리도 있기는 하다. 대신 공정이 까다롭기 때문에 일반 막걸리에 비해 몹시 비싼 가격을 자랑한다).

마지막으로, 도수가 높은 술을 즐겨 마시는 진정한 '애주가'들은 발효주보다는 증류주를 찾는 경우가 많다. 위스키,

진, 브랜디, 테킬라 등 속칭 '양주'라고 부르는 비싼 술들이 여기에 속한다. 이 중 대표적인 증류주인 위스키는 불에 그을린 오크통에 오랜 기간 숙성시키는 공정을 거치게 되는데, 숙성을 시킬수록 더 비싸진다. 값이 비싸지는 이유는 숙성 기간만큼 깊어지는 맛과 향 때문이라고 한다.

그렇다면, 비싼 값을 치른 만큼 이 위스키가 품고 있는 고유의 향을 극대화해서 즐기는 방법이 있다면 무조건 행해야 마땅할 것이다. 심지어 그 방법은 아주 간단하다. 그저 물을 한 방울 넣기만 하면 된다.

위스키 애호가라면 이미 풍문으로 건너 들어 그 방법은 알 수도 있겠으나, 과학적으로 왜 그렇게 하면 풍미가 좋아지는지 궁금했을 것이다. 우선 위스키의 고유한 풍미를 나타내는 향 분자들은 무척 다양한데, 훈연향을 가지는 '과이아콜', 피트향으로 유명한 '페놀', 캐러멜 향을 만들어 내는 '시트로넬올' 등이 있다. 이 물질들의 특징은 글자로만 보았을 때 '-올ol'이라는 어미를 가진다는 것이다. 화학적으로는 이러한 어미를 가지는 물질들을 '방향족 화합물'이라고 한다. '방향제' 단어에서의 방향芳香과 동일한 의미이다. 위스키의 고유한 향을 결정하는 이 화합물들은 위스키를 잔에 따르게 되면 일반적으로 잔 바닥에 위치하게 된다. 이 상태에서 위스키를 마시면 향을 내는 분자들이 공기와 맞닿아 있지 않아서 풍부한 향을 느낄 수 없다. 그런데 물을 한 방울 넣게 되면, 알코올보다 밀도가 높은 물이 잔의 바닥으로 내려가고 이 향 분자들은 역으로 잔의 표면으로 우르르 올라오게 된다. 이때 위스키를 마시면 이 향 분자들이 잔의 표면에 있기 때문에 풍부한 아로마를 즐길 수 있는 것이다.

풍류에 풍류를 더하는 비법

위스키의 풍류에서 더 나아가 풍류를 더욱 즐기는 비법을 공유해 보려고 한다. 대부분의 술자리에서는 위스키보다는 다른 술들을 주로 마신다. 바로, 직장인들의 회식, 대학교 학과 행사 등에서 보통 마주하는 술인 소주와 맥주, 그리고 그 두 가지 술을 섞은 소맥이다.

전혀 검증되지 않은 이야기이지만, 화학공학과 출신들은 이러한 속칭 폭탄주의 비율에 굉장한 자부심을 가지고 있다. 소맥은 단순히 소주와 맥주를 천편일률적으로 섞는 혼합물이 아니다. 두 종류의 술의 비율에 따라서, 그리고 섞는 방식에 따라서 맛이 완전히 달라진다는 것을 몇몇 주당들은 공감하리라 생각한다.

더 나아가 몇몇 애주가들은, 소주와 맥주와 같은 단일 주종보다 소맥이라는 새로운 융합된 술을 더욱 선호하기도 한다. 왜 그럴까? 여기에도 과학적인 이유가 있다.

바쁜 현대인들은 술자리를 길게 가져가기도 어려울 때가 많다. 빨리 마시고 빨리 취하고 얼른 들어가야, 충분히 휴식하고 다음 날 일상도 차질 없이 보낼 수 있기 때문이다. 이들 중 소맥을 선호하는 분들은 이미 본능적으로 '최적화'된 음주를 하고 있는 것일지도 모른다. 소주와 맥주를 단독으로 마시는 것보다, 소맥으로 마셔야 더 빨리 취하기 때문이다. 심지어는 소주보다 도수가 낮은데도, 더 빨리 취한다.

그 이유는 체내에서 알코올 흡수가 가장 빠르게 되는 농도는 10~20도이기 때문이다. 일반적으로 소맥의 농도가 딱 이 농도에 해당한다. 즉 소맥은 몸에 빠르게 흡수되기에 더 빠르게 취기를 불러온다. 이뿐만이 아니다. 소맥의 맥주에는 탄산가스가 있다. 소맥의 제조법을 생각해 보면, 소주와 맥주를 각자의 비율로 따른 뒤, 젓가락이나 숟가락 등으로 탁, 쳐서 거품을 만들어 낸다. 맥주에 있는 탄산가스의 거품방울이 더 잘게 쪼개져서 마셨을 때 부드러운 느낌을 들게 할뿐더러, 이 탄산가스가 알코올 흡수를 더욱 촉진하기에 더 빠르게 취하게 된다.

술자리에서 접할 수 있는 여러 가지 술만큼이나 다채로운 선택지가 있는 것이 있다. 바로 '안주'이다. '안줏발 세운다'라는 말도 있듯이, 술자리에서 술만큼이나 페어링되는 안주를 더욱 중요시 여기고 즐기는 이들도 꽤 많다. 선택지도 치킨, 피자, 골뱅이, 곱창, 회, 감자튀김 등 원재료, 조리법, 가격까지 천차만별이니, 그야말로 행복한 고민을 하게 되는 것이다.

그렇다면 과연 어떤 안주가 술자리에 가장 어울릴까? 우선 많은 이들이 다년간의 경험을 바탕으로 주종별로 페어링했을 때 좋은 안주들이 있다고들 말한다. 소주는 보통 국물류랑 잘 어울린다고 한다. 어묵탕, 닭볶음탕, 부대찌개 등 칼칼하고 매콤한 국물 메뉴를 바로 떠올릴 것이다. 반면 맥주는 기름진 튀김류나 전류와 찰떡궁합이라고 하고, 와인이나 증류주는 치즈나 과일 같은 가벼운 음식들과 곁들이게 된다.

한편 회나 육회 같은 날음식을 먹을 때는 '소독'을 위해 꼭 소주를 마셔야 한다는 속설도 정말 많이 들어보았다. 여담이지만, 술을 마셔서 함께 먹는 음식이나 몸의 기관들이 소독되려면 알코올 농도가 70~80도는 되어야 한다. 설사 그 정도로 높은 도수의 술을 마시더라도 체내에서 금세 분해가 되어버리기 때문에 소독의 목적을 기대하기는 어렵다.

이건 어울리는 '맛'에 의거한 분류 방식이고, 과학적으로 좋은 안주는 사실 주종과 관계없이 답이 명쾌하게 정해져 있다. '단백질'과 '비타민'이다. 기름진 안주는 마시는 순간에는 그 기름이 알코올 흡수를 늦추기 때문에 일견 페어링하기 좋다고 생각할 수도 있다. 그러나 소화기에 부담을 주고, 열량이 높기 때문에 간이 알코올 분해에 힘을 쏟는 것을 방해한다. 숙취도 더 오래가게 된다. 반면 단백질이 풍부한 담백한 안주류는 알코올이 손상시킨 세포 기관들을 복구하는 데 도움이 되는 물질을 제공하기 때문에 좋은 안주이다. 그리고 비타민 역시 알코올 분해에 도움을 주기 때문에 좋은 안주라고 할 수 있다. 이렇게 좋은 안주를 먹어서 위를 채우는 것은, 알코올이 곧바로 소장으로 내려가서 흡수되는 속도를 늦춰준다는 과학적인 장점도 있다.

반면, 안주를 전혀 먹지 않고 술만 마시는 부류도 있다. 일단 이들은 안주를 함께 즐기는 이들보다 훨씬 빨리 취한다. 게다가 알코올 흡수율이 2배 정도 더 높아져서 간에도 더 부담을 준다.

비슷한 맥락으로 많은 이들이 안주를 먹지 않고, 술도 제로 소주만 마시면 살이 찌지 않는다고 주장한다. 그러나 이것도 과학적으로는 안타깝지만 잘못된 말이다. 우선 제로 소주는 '제로 칼로리'가 아닌, '제로당'이기 때문에 칼로리는 꽤 높은 편이다. 그리고 술을 마시면 알코올을 분해하기 위해 간이 총력을 다하기 때문에, 지방 연소에는 힘을 전혀 쓰지 못해서 체중이 늘어날 수 있다.

누군가는 이렇게 말할 것이다. 술자리에서 안주를 먹지 않으면 다음 날 체중이 줄어 있다고. 이 말은 어느 정도는 맞는 말이긴 하다. 술을 마시면 이뇨작용이 촉진되고 체온이 상승되며 에너지가 소비되기 때문이다. 이 때문에 일시적으로는 체중이 줄어들기는 한다. 하지만 이는 수분 손실 때문이지, 지방이 빠진 것이 아니고, 오히려 음주 후에는 체내 혈당 조절이 잘 되지 않아서 당 섭취 욕구가 증가한다. 이 때문에 술이 깬 이후에 단 음식을 찾게 되어 체중이 증가하는 요인이 되는, 부작용이 나타나기도 한다.

숙취에서 살아남기

사실 술을 좋아하는 이들이라도, 숙취 앞에서는 고개를 절레절레 흔들 것이다. 하지만 애석하게도 모든 술자리는 필연적으로 숙취와의 전쟁을 예고한다. 그래서인지 다음 날 숙취를 없애준다는 다양한 숙취해소제들은 모든 술자리마다 불티나게 팔린다.

알코올은 간에서 아세트알데하이드로 분해가 되었다가, 한 번 더 분해되어 최종적으로 아세트산이 되어 몸을 빠져나가게 된다. 이때 중간단계인 아세트알데하이드의 이름 중 '알데하이드'가 우리에게 숙취를 불러온다. '아세트알데하이드'는 아주 유명한 '포름알데하이드'도 가지고 있는, '알데하이드'라는 이름의 작용기를 가진 형제 관계인데, 독성을 가지고 있다. 이 아세트알데하이드를 거치는 과정 때문에 머리가 깨질 듯이 아픈 숙취가 찾아오는 것이다. 흥미로운 사실은, 개인마다 아세트알데하이드를 분해하는 능력에 차이가 있다는 것이다. 그 때문에 어떤 이들은 과음을 해도 다음 날 멀쩡하지만, 어떤 이들은 반드시 숙취해소제를 간절히 찾게 된다.

이렇게 숙취에서 벗어나고픈 이들을 위해 만들어진 이 숙취해소제는 보통 두 가지 전략을 선택하게 된다. 아세트알데하이드 단계의 고통을 오래 겪지 않도록 빠르게 아세트산으로 분해해 넘겨버리거나, 아예 아세트알데하이드 단계를 거치지 않도록 해 주는 것이다. 시중에 나와 있는 거의 대부분의 숙취해소제는 이중 첫 번째 전략을 채택한 케이스이다. 이러한 숙취해소제를 구매하러 가보면 무척 다양한 제품들이 진열되어 있는데, 이때 나의 숙취를 정말로 잠재워줄 수 있을 제품을 고르는 게 중요할 것이다. 이를 위해서는 '숙취해소제'로 적혀 있는 제품을 선택해야 한다. 식약처에서 2025년부터 과학적으로 숙취 해소 효능을 입증한 숙취해소제에 대해서만 '숙취해소'와 관련된 표현을 사용할 수 있도록 제도를 도입했기 때문이다.

최근에는 알코올 분해 과정에서 아세트알데하이드 단계를 거치지 않도록 하는 우유로 만든 숙취해소제가 연구개발되었다. 우유의 '베타락토글로불린'이라는 성분을 이용했는데, 5시간 만에 알코올을 절반 이상 분해시켜 준다고 한다. 아마 시장에 이 숙취해소제가 진출하게 된다면 숙취에서의 거의 완전한 해방도 기대해 볼 수 있지 않을까.

마지막으로, 술자리에서 술을 마시면 기분도 좋고 신이 나기에 무척 마시고 싶지만, 끌고 나온 차를 생각하다가 결국 슬픈 모습으로 '논알콜'을 외치는 이들이 있을 것이다. 슬퍼하는 이들을 위해 과학이 선물한, '알코올 없는 술'을 소개해 보려고 한다. 아쉽게도 이 술은 우리나라에서는 마실 수 없고 영국에서 판매가 되고 있으며, 알코올이 들어 있지 않은데도 마시면 취하는 기적의 술이다. 바로 '센티아'라는 술이다. 알코올은 전혀 들어 있지 않지만 마시게 되면 1~2시간 동안 취한 기분이 들다가 알아서 술이 깬다고 한다.

이것이 가능한 이유는 바로 '가바'라는 성분 때문이다. 앞서 이야기한 것처럼 술을 마시면 몽롱한 기분이 느껴지는 것은 알코올이 가바수용체에 붙기 때문이다. '센티아'는 이 원리를 활용해서, 알코올 대신 다른 물질을 사용해 알코올처럼 가바수용체에 붙게 만들었다. 그래서 '센티아'를 마시면 술이 아님에도 마치 취한 듯 몽롱한 기분을 느낄 수 있는 것이다. 아쉽게도 이 술을 우리나라에서 만나볼 수 없는 이유는, 바로 알코올 대신 붙는 다른 물질이자, 가바 수용체를 활성화시키는 물질인 '후박'이 우리나라에서는 향정신성 의약품으로 분류되어 수입이 불가능하기 때문이다.

술은 기나긴 세월 동안 언제나 인류에게 '흥'을 주었다. 힘든 하루를 잊기 위한 수단, 청춘을 즐기기 위한 수단, 팍팍한 직장 생활을 견디게 해 주는 화학적인 동료인 이 술을 보다 최적화해서 즐기며 즐거운 추억들을 오늘도 쌓아가길 바란다.

PART 2

천 리 길도 한 걸음부터, 나는 누구인가

나를 먼저 알아야 살아남는다

"지피지기知彼知己면 백전불태"라는 말이 있다. 상대의 상황과 나의 상황을 잘 알고 그에 맞추어 대응책을 세우면 100번 싸워도 위태롭지 않다는 유명한 고사성어이다. 그러나 현대 사회에서는, 특히 업무 자리에서는 이 '피彼', 즉 타인은 수시로 변화한다. 그렇기에 '지피', 즉 타인을 명확하게 파악하는 것은 때론 쉽지 않을 때가 많다. 게다가 빠르게 변화하는 세상에서, 우리는 각기 다른 특성의 수많은 이들을 마주하는데 이들을 잘 알기 위해서는 필연적으로 일정 시간이나 사람을 간파하는 '내공'이 필요할 때도 많다. 그렇다 보니 현대 사회에서는 타인을 잘 아는 것보다 오히려 뒤에 나오는 지기知己, 즉 나를 먼저 아는 것이 더 선행되어야 하고, 그 방향이 백전불태를 위한 최적화된 전략으로 가는 길이 아닐까 한다.

그러나 이 또한 쉬운 것은 아니다. 다원화되고 복잡해지며, 새로운 무언가가 하루가 멀다 하고 불쑥불쑥 나오는 급변하는 이 세상에서 쉽게 휩쓸리지 않고 명확하게 내가 누구인지를 인지하고 있는 것은, 말이 쉽지 생각보다 무지 어려운 일이다. 게다가 요즘은 취향을 '큐레이팅' 해주는 세상이다. SNS나 포털사이트에 '강남역 핫플' 이러한 키워드로 검색만 하면 식당부터 카페, 분위기 좋은 바, 혹은 주변에 둘러볼 거리까지 동선까지 계획해서 제공하는 콘텐츠들이 즐비하다.

이렇게 손쉽게 취향을 '정함' 당할 수 있는 세상에서 나는 정말로 무엇을 파는 식당에 가고 싶은지, 모던한 콘셉트의 카페를 좋아하는지 혹은 아기자기한 소품이 많은 카페를 좋아하는지 파악하는 것은 손쉬운 길에서 한 발짝 떨어져 조금 더 불편함을 감수해야만 얻어낼 수 있는 가치가 되었다. 그뿐만이 아니다. 이전이라면 소풍 때 입을 옷을 이렇게도 저렇게도 매칭해 보는 기대와 설렘의 시간을 가졌다고 한다면, 이제는 챗GPT를 비롯한 AI에게 물어보면 즉답을 얻을 수 있는 시대가 바야흐로 찾아와 버렸다.

손쉽게 얻을 수 있는 답이 넘쳐나는 이 세상에서, 역설적으로 "잠깐!"이라고 외치며 '나만의 답'을 가지는 것, 내가 누구인지에 대해 명확하게 파악을 하는 것은, 그렇기에 몹시 귀중한 능력이 될 수 있을 것이다. 아무리 기술이 발달하더라도 그 기술을 사용하고, 하루를 살아가는 것은 감정과 감성을 가진 '사람'이기 때문이다. 따라서 과학적으로 나를 잘 알 수 있다면, 그리고 그걸 바탕으로 세상에 보일 내가 입을 멋진 옷들, 즉 사회적으로 나를 좀 더 매력적으로 표현하기 위한 이런저런 요소들을 추가할 수 있다면? AI와 함께하는 이런 세상에서 보다 차별화된 시각을 가지고 경쟁력 있게 살아갈 수 있을 것이다.

'나'를 잘 알기 위해 노력하는 사람들

'나를 잘 아는 것'이 경쟁력이 되는 세상이 올 것이라고 나는 꽤 오래전부터 생각했다. 대학교 2학년 무렵 칼럼에 기고했던 글에서도 내가 어떤 색깔을 좋아하는지, 어떤 것을 잘하는지, 어떤 계절을 좋아하는지 등 스스로에게 질문을 많이 던지고 그에 대한 답을 인지하고 있는 것이 중요하다는 내용을 적었다. 글로 적는 것에만 그쳤던 것은 아니고, 나는 실제로 퍼스널컬러나 MBTI가 유행하기 수년 전부터 자료를 찾아보며 앞으로 이런 형태의 '자기 자신을 알아가는 수단'이 각광받을 것이라 생각했다. 그와 더불어, 나 스스로부터가 무엇을 할 때 가장 기뻔지, 어떤 능력이 좋은 편이고, 어떤 능력은 좋지 않은 편인지에 대한 고민을 무척 많이 했다. 그리고 가능하다면 내가 잘하는 요소를 발전시키기 위해 노력했다.

조금만 더 풀어보자면, 그렇게 발견한 나의 잘하는 요소는 '창의력'에 근간한다. 엉뚱하다는 이야기를 어릴 적부터 항상 들어올 정도로 나는 정형화된 생각의 틀을 벗어나서 생각할 때가 많았다. 가령 연극을 볼 때면 무대장치가 어떤 원리로 구동되고 있을지를 생각하거나, 시를 배우면서 과학적으로 말이 되는지 따져보는 등의 것이었다. 그리고 예외가 많거나 규칙성이 없는 것에 대한 단순 암기보다는 원리를 명확하게 이해한 것에 대해서 응용하는 것이 훨씬 자신 있었다.

이런 특성을 잘 알고 내가 개발했던 능력은 짐작했겠지만 과학 커뮤니케이터로서의 소양과 무척 관련이 깊다. 영화에서 과학적인 사실을 뽑아서 이야기하거나, 지금 읽고 있는 이 책처럼 일상 속 다양한 일들에서 무심코 지나쳐 버리는 모든 과학적인 이야기들을 모아서 생동감 있게 전달하는 걸 실은 무척 어릴 적부터 연습했었다. 물론 이렇게 활용을 할 수 있을 것이라고까지는 생각하지 못했지만 말이다.

사실 이러한 시도는 나만 한 것이 아니다. 과학기술이 하루가 다르게 더 편리하게 변화시켜 주는 우리의 일상 속에서 이미 우리는 본능적으로 자신에게로 시야를 돌려서 스스로를 알기 위한 다양한 노력들을 하고 있고, 이는 '유행'으로까지 번지고 있다.

MBTI, 퍼스널컬러, 체형 분석 등 내가 어떤 성격이고, 어떤 색이나 형태의 옷이 잘 어울리는지를 분석해 주는 다양한 서비스들이 세상에 등장했고, 많은 이들이 열광하며 '과몰입'을 하고 있으니 말이다. 종류는 다양하지만 결국 '나를 알고 싶다'는 욕구에 대한 여러 가지의 답안임에는 확실하다.

그러나 우리가 간과해서는 안 될 것이 있다. 우리가 자기 자신을 알기 위해 하는 모든 일들이 다 과학적인 것은 아니라는 사실이다. 그렇기에 과학적이지 못한 방법들은 '재미 삼아' 하는 것으로 만족하고, 과학적인 '나를 아는 방법'을 적극 활용해야 한다. 이것이 보다 '과학적으로 나라는 존재에 대해 인식하는 방법'일 것이기 때문이다.

내가 나를 아는 것, 메타인지

자기 자신을 객관화해서 내가 어떤 사람인지 아는 것을 '메타인지'라고 한다. 이 용어 자체는 최근에 만들어진 건 아니고, 이미 1976년에 만들어졌던 용어이다. 그러나 요즘 들어서 특히 이 용어가 급부상하게 된 배경에는 현대 사회가 몹시도 복잡해지면서 요즘 세상에 꼭 갖추어야 할 필수 덕목 같은 것으로 굳어졌기 때문이다.

그렇다면 많이 들어보기는 한 메타인지가 과연 무엇인지 우리는 잘 알고 있을까? 이 문장을 읽기 전까지 '아, 나는 메타인지라면 잘 알고 있지'라고 생각했다가 막상 정의를 하려니 어떻게 말을 해야 할지 잘 모르겠다면? 아마 메타인지가 낮은 상태일 수도 있다.

조금 더 쉽게 이야기해 보자면 이런 것이다. 가령 DNA에 대한 수업을 처음 들었다고 해보자. 이때 수업을 듣고는 DNA에 대해서 마치 다 알아버린 듯한 뿌듯한 기분이 들 수 있다. 그렇다면 이제 입 밖으로 배운 내용을 정리해서 꺼내보아야 한다고 생각해 보자. 어떤 이들은 '안다고 생각했던 것' 그대로 말로 옮길 수 있을 것이고, 어떤 이들은 막상 스스로 이야기를 해보려니 머릿속이 하얘지고 실제로는 잘 모르고 있었다는 사실을 깨달을 수도 있을 것이다. 즉 우리가 안다고 생각하지만 실제로는 모르는 오류에서 극복하는 것, 그래서 '내가 알고 있다는 것을 잘 알고, 내가 모른다는 것도 잘 아는 것'이 바로 메타인지의 시작점이다.

메타인지를 이야기할 때 함께 자주 언급되는 '더닝 크루거

효과'라는 것이 있다. 일반적으로 사회에서 능력이 부족한 사람은 스스로를 과대평가하는 경향이 있다고 한다. 반대로 능력이 뛰어난 사람은 역설적으로 스스로가 부족하다고 과소평가를 한다고 한다. 그래서 사회 전반적으로 보면 거의 모든 이들이 자신이 '중상' 정도겠지, 하고 생각한다는 것이 이 효과이다. 한마디로 본인의 실제 능력이 어떠한지 명확하게 인지를 못 하고 있는 것이다. 이 효과를 통해서도 우리는 메타인지가 얼마나 도달하기 어려운 지표인지를 알 수 있다.

그렇다면, 메타인지를 위해서 우리는 어떻게 해야 할까? 당연하겠지만 자신을 잘 아는 것이 중요하다. 그렇게 하기 위해서는 '자아 성찰'을 해야 한다. 나는 어떤 상황에서 기뻐하는지, 슬퍼하는지, 어떤 난관은 쉽게 극복하고, 어떤 건 어려워하는지, 어떤 능력에서 강점이 있고, 약점이 있는지를 아주 객관적으로 면밀하게 분석해야 한다. 과학적으로 이렇게 자기 성찰을 많이 한 이들은 뇌의 앞부분인 전전두엽의 회백질 영역이 두껍다고 한다. 이는 자신에 대해서 생각할 때는 뇌의 앞쪽 영역이, 타인에 대해 생각할 때는 뇌의 뒤쪽 영역이 주로 사용되기 때문이다.

과학적으로 메타인지를 잘 만들어 나가는 방법

이러한 메타인지는 크게 세 가지 측면으로 구분이 된다고 한다. 첫 번째는 '메타기억'과 '메타이해'에 해당한다. MBTI 검사를 해서 스스로의 성격을 알아보고자 노력하는 등의 모든 과정들이 여기에 속한다. 즉 '스스로에 대한 평가와 탐구'가 해당한다. 두 번째는 '문제해결'이다. 어떤 문제를 잘 해결하려면, 내가 무엇을 알고 있고, 어떤 자원을 활용할 수 있으며, 무엇을 모르고 어떤 부분을 추가로 마련하거나 부탁해야 하는지 면밀히 분석해야 한다. 이를 통해 목표를 확인하고 다음 단계를 계획하는 것이 중요하다. 이 부분은 특히 현대 사회가 무척이나 다원화되어 가고 있고, 한 사람이 필연적으로 모든 세부적인 일을 하기 어려워져 가는 환경 속에서 리더에게 무척이나 필요한 덕목이기도 할 것이다.

세 번째는 '비판적 사고'이다. 자신이든, 타인이든 어떠한 의견이나 생각을 들었을 때 그것이 정말 사실에 기반하는지, 혹은 논리적인지를 판단하는 능력이 여기에 해당한다. 이 역시 현대 사회에서 무척이나 중요하다. 개인적으로 조금 우려가 될 정도로 요즘 우리 사회에서 생성형 AI에 의존하는 정도가 점점 커지고 있다. 최근에 이런 우스갯소리를 들었다. 앞으로는 만약에 길을 건던 행인들이 부딪히면 바로 '죄송합니다.' 등의 인사를 하는 것이 아니라, 일단 챗GPT에게 '내가 지금 행인이랑 부딪혔는데 뭐라고 말하면 돼?' 같은 걸 먼저 물어보고 챗GPT가 알려주는 대로 사과를 할 것이라는 이야기였다. 이걸 우스갯소리로 그저 웃어넘기기에는 영화 〈그녀Her〉(2013)에서의 인공지능 비서와의 사랑이 이제 공상이 아니라 현실로 다가온 것처럼, AI와 사람의 관계성은 지금도 빠르게 변화하고 있기에 앞으로의 미래에는 어떤 변화를 가져다줄지 우리는 장담하기 어렵다. 그리고 이렇게 점점 AI의 영향이 커질수록 더욱 중요해지는 것이 바로 비판적 사고 능력일 것이다.

여기까지 왔다면 메타인지를 지금부터 새롭게 길러나가야 할 것 같아 어떻게 시작해야 할지 도무지 엄두가 나지 않는다고 느낄 수 있다. 하지만 실은, 우리는 이미 본능적으로 메타인지의 시작이라고 할 수 있을, 타인과 구별되는 나를 인지하는 능력을 가지고 있다. '아니 내가 어떻게 나를 몰라?'라고 반문할 수 있을 정도로 원초적으로 우리는 나를 잘 알고 있다.

실제로 태어난 지 만 하루, 24시간도 채 지나지 않은 신생아도 적어도 '나'와 '타인'에 대한 구분된 인식은 가지고 있다. 손에 자신의 몸이 닿은 것인지, 타인의 몸이 닿은 것인지를 인지할 수 있다고 한다. 심지어 조금 더 자라서 6개월 정도가 되면 영상을 보고 본인이 누구인지를 알아차릴 수 있다고 한다. 아기일 때부터 각인되어 있던 나를 내가 잘 아는 본능을 외면하지 않고, 우리가 보다 적극적으로 메타인지를 위해 힘써야 하는 이유이기도 하다. 특히 어른이 되어가는 동안 거치는 청소년기에 메타인지를 함께 잘 길러나가는 것이 무척 중요하다. 나에 대한, 그리고 세상 속에서의 나에 대한, 마지막으로 세상 그 자체에 대한 인식은 10대 후반까지 계속 변화하기 때문이다. 이 청소년기는 새로운 정보가 들어왔을 때, 기존에 가지고 있던 정보들과 그물망처럼 빽빽하게 신경세포끼리 연결되는 현상이 폭발적으로 일어나는 시기이다. 그렇기에 많은 어른들도 이야기하지만, 아직 청소년의 시기에는 뇌의 감정과 충동을 제어하는 영역은 끊임없이 발달되어 가는 중이기에, 되도록이면 폭력적이거나 선정적인 것들에 적게 노출되는 것이 올바른 자기 인식을, 그리고 사회와의 관계성을 정립하는 데에 과학적으로 무척 중요하다.

MBTI는 왜 비과학일까?

아이러니하게도 과학적으로 나 자신을 알아가기 위한 방법에 대해 이야기를 하는 이 장에서 고백하자면, 나는 한때

MBTI 검사를 참으로 좋아했다. 친구들의 MBTI를 맞히는 건 당연했고, 내가 어떤 생각을 하거나 판단을 내리는 근거도 "내 MBTI가 ○○○○여서 그래" 하고 생각했었다.

변명을 덧붙이자면 10분도 채 걸리지 않는, 간단하고 쉬운 검사로 나에 대한 답을 얻는다는 것은 비과학적이라고 하더라도 무척이나 매력적이었다. 이러한 '빠른 길'에 매혹된 건 비단 나뿐만이 아니었으며, 많은 이들의 열망이 MBTI 붐을 일으킨 것이 아닐까 생각한다.

그렇다. 이 MBTI 검사는 그 탄생 배경부터가 일단 빠르게 성격 유형을 분류해 보자는 '니즈'에서 시작했다. 제2차 세계대전 중, 미국에서는 노동력이 부족해지면서 집안일을 하던 많은 여성들이 노동 시장에 진출하게 되었다고 한다. 이때 성장통처럼 많은 여성들이 스트레스를 호소했고, 진로 상담의 측면에서 만든 것이 바로 MBTI 검사이다. 그렇다 보니 무척 단순하고, 편리한 검사라는 특성을 자연스레 갖게 된 것이다.

그러나 이 검사는 당연히 비과학적이다. 우선 검사를 해 본 이들이라면 공감하겠으나, 단순화된 문항으로 실제 성격을 왜곡하는 경우도 있고, 검사 결과도 종종 바뀐다. 조금 더 면밀하게, 이 MBTI가 비과학적인 이유를 분석해 보자면 이러하다. 우선 '과학적이다'라는 것이 무엇일까에 대해 생각해 보면 된다. 적어도 과학적이라고 말하려면, '재현성'이 있어야 한다. '윙가르디움 레비오사'라는 주문이 〈해리포터〉 시리즈에 나온다. 이 주문을 외우면 깃털 같은 물체를 동동 띄울 수 있다. 자 이 주문이 '과학적'이려면 두가지를 크게 만족시켜야 한다. 첫 번째는 해리포터가 자다 깨서 저 주문을 외우든, 산 위에 올라가서 외우든 항상 저 주문을 외우면 폭탄이 터지거나, 사슴이 튀어나오거나 하지 않고 원하는 물체가 동동 떠야 한다. 두 번째로, 해리포터가 저 주문을 외우든, 헤르미온느가 외우든, 론이 외우든 항상 저 주문은 동일하게 물체를 띄워내야 한다.

그런데 MBTI 검사를 한 수많은 이들의 간증을 들어보면 이렇다. '저 회사에서 했을 때는 T였는데, 지금 퇴근하고 하니까 F예요.' 사실 출근과 퇴근 사이에 그리고 다음 날의 출근 사이에는 그리 큰 사건이 있거나, 시간적 변화가 있지 않을 확률이 높다. 그렇기에 같은 결과가 나오는 것이 보다 과학적일 것이다. 그렇다면 왜 저렇게 다른 결과가 나올까? 이는 MBTI가 과학이라기보다는 일종의 '자기 충족적 예언'에 가깝기 때문이다. 이미 우리는 T가 어떤 성격이고, F는 어떻게 다른지 무척 잘 알고 있다. 그렇기에 문항을 보면서 일종의 편향된 선택을 했을 확률을 배제할 수 없다.

여담으로, 성격은 유전적으로 결정되는지 물어본다면 그건 어느 정도 맞는다고 할 수 있다. 어떤 유전자를 가지고 있는지가 어느 정도 타고난 성격을 결정지을 수 있기 때문이다. 태어나자마자 완벽히 다른 환경에서 자라온 일란성 쌍둥이는 환경은 달랐지만 성격이 어느 정도 비슷했다고 한다. 이를 비율로 따져 보면 유전적 영향이 52%, 환경의 영향은 48% 정도 해당한다고 한다.

그렇기 때문에 과학자들은 진짜 과학적인 성격검사는 없을지 더욱 고심하게 되었다. 어느 정도 유전적 영향이 있다는 사실이 성격을 지표로서 나타낼 수 있을 것만 같은 희망을 주었기 때문이 아닐까 생각한다. 그리고 실제로 과학자들은 답을 찾아냈다. 여러 가지의 연구 결과 중 몇 가지를 소개해 보려고 한다.

우선 대중들에게도 꽤나 알려진 기질-성격 검사가 있다. 바로 TCI 검사이다. 1990년대에 만들어진 이 심리 검사는 성격을 유전적 요인과 환경적 요인으로 구분한다. 이 검사에 따르면 변하지 않는 것은 기질이고, 환경에 따라 변화하는 것을 성격으로 규정한다. 기질은 자극 추구, 위험 회피, 사회적 민감성, 인내력 이렇게 네 가지로, 성격은 자율성, 연대감, 자기초월 이렇게 세 가지로 구성된다.

여담이지만 나도 대학원 재학 시절 학교에서 무료로 검사를 해준다는 메일에 혹해서 검사를 해보았다. 아마 외부에서 검사를 하게 되면 어느 정도 비용이 발생하는 것으로 알고 있다. 검사 결과 중 흥미로운 걸 하나 공유해 보자면 나는 자극 추구가 높은 편이다. 그러나 다행히 사회적 민감성이나 인내력이 높아서 학업에도 열심을 다할 수 있었던 것 같다고 들었다.

이 외에도 과학자들이 무려 150만 건의 설문조사를 통해 성격 유형을 평균형, 내성적, 자기중심적, 역할모델형으로 성격 유형을 분류한 연구 결과가 2018년에 발표되었다. 아쉽게도 이 연구에서도 성격의 비밀은 완전히 밝혀지지는 못했다. 성격은 나이가 들면서 변화할 수 있고, 사회 환경도 영향을 미치며, 각 성격 유형에 얼마나 많은 사람들이 속하는지는 알 수 없다고 한다.

고대 그리스, 히포크라테스로부터 시작된, 성격을 정의해 보겠다는 시도는 아직도 진행형이다.

잘 알게 된 나를 잘 표현하기 위한 열쇠, 목소리

MBTI를 통해 나의 성격을 잘 알고, 타인의 성격까지도 미리 내다보고 싶어 하며, 퍼스널컬러 진단을 통해 '톤그로'(어울리지 않는 색의 옷이나 화장법으로 주목을 끄는 일)를 하지 않으려 노력하며, 이제는 체형진단까지 하며 골격의 장점을 극대화하고 단점을 덮어버리려는 여러 시도들은 이미 사회 곳곳에서 아주 쉽게 찾아볼 수 있다.

결국 나를 잘 알고 싶다는 것의 궁극적인 지향점은 여러 노력을 통해 알게 된 나의 장점은 극대화시키고, 단점은 감추고 싶다는 것이다. 그렇다면 왜 그렇게 하고 싶어 하는 것일까? 그것이 사회에서 나의 경쟁력을 갖게 한다고 생각하기 때문이다. 더 나아가 평가되는 나의 가치를 높이기 위한 최적의 방법이기 때문이다.

가령 MBTI에서 I라는 결과를 얻었는데 대중 앞에 나서는 일을 하는 사람들은, 본인이 느끼는 이물감이 성격적으로 내성적이기 때문이라고 인지를 하는 것만으로도 편안한 마음이 조금은 생길 수 있다. 혹은 퍼스널컬러 진단을 통해 형광 노란색이 절대 어울리지 않는다는 것을 알게 된다면 옷을 구매할 때 그 선택지를 배제하는 방향으로 소비를 하게 될 수도 있다.

지금 언급한 예시만큼, 어쩌면 더욱 중요하지만 우리가 간과하고 있는 것이 있다. 바로 목소리이다. 여담이지만 나는 사람에게 있어서 굉장히 큰 매력 요소 중 하나가 바로 이 목소리라고 절대적으로 믿는 사람이다. 목소리는 세 글자로 퉁쳐

버리기에는 무척 많은 요소들을 담고 있다. 단어를 말하는 어투, 문장 어순을 구성하는 스타일, 문장이나 단어 단위로 끊어 말하는 습관, 목소리의 높낮이, 빠르기, 심지어는 사투리 유무까지 목소리는 생각보다 그 사람에 대한 무척 많은 정보를 내포하고 있다. '목소리 지문'이라고 할 수 있을 정도로 같은 문장과 내용을 말하더라도 그걸 '어떻게' 말하는지는 사람마다 다르다.

또 하나의 여담으로, 이때까지 무척 많은 강연을 다니면서 들었던 질문들 중 개인적으로 가장 신선하다고 생각했던 질문 1위는 '목소리가 정말 좋으신데 혹시 발성 훈련을 하시거나 스피치학원을 어릴 때 다니셨나요?'라는 것이었다. 개인적으로도 목소리의 기능을 잘 살려서 강연을 하려고 애쓰는 터라, 그 노력을 알아주신 것이 무척 감사하기도 했다.

실제로 미국의 사회심리학자 메라비언에 따르면, 대화를 할 때 그 대화의 말 내용은 7% 정도의 중요도를 가진다고 한다. 정작 다른 부분이 더 중대한 영향을 끼치는데, 예측한 대로 외모가 35%로 꽤 높은 비중을 차지한다. 그리고 놀랍게도 목소리가 38%로 가장 큰 영향을 끼친다고 한다. 물론 이 이론 자체는 적용되는 상황이 다소 제한적이지만, 그럼에도 목소리의 가치를 짐작하기엔 충분하다.

과학적인 연구를 보더라도, 2025년에는 AI를 통해서 25초 정도의 자유로운 대화 음성만으로도 우울증 징후를 감지할 수 있는 AI 모델이 개발되기도 했을 만큼, 알고 보면 목소리는 그 사람의 많은 것을 담고 있다. 이러한 목소리는 성대 점막에서의 공기의 떨림에 의해 발생하고, 400여 개의 근육이 함께 사용된다. 목소리가 낮은 남성의 경우 목소리를 낼 때 성대 근육이 1초에 100회에서 150회 정도 진동을 하고, 여성은 200에서 250회 정도 진동을 한다고 한다. 이때 1초에 더 많이 진동할수록 높은 목소리가 나오게 된다.

그리고 목소리에는 '하모닉스'라는 것이 있다. 만약 내 목소리의 주파수가 120Hz라고 한다면, 그것의 2배수, 3배수가 되는 음이 배음이고, 목소리와 배음들이 섞여서 나는 내 목소리의 완성형이 하모닉스이다. 일반적으로는 이 하모닉스는 4개에서 6개의 음이 섞인다고 한다. 그리고 목소리가 좋다고 생각되는 성악가의 경우에는 10개에서 12개까지도 음이 섞인다고 한다.

사실 목소리는 타고나는 것이 어느 정도 있다. 타고난 성대의 길이가 있기 때문에 내가 동굴 목소리라고 불리는 정도의 남성의 낮은 목소리를 내는 것은 불가능하다. 그러나 우리가 퍼스널컬러를 진단받아서 타고난 피부에서 최고의 아름다움을 끌어내기 위해 노력하는 것처럼, 타고난 성대에서 최고의 목소리를 끌어내는 노력은 할 수 있을 것이다!

이를 위한 가장 중요한 방법은 먼저 성대의 노화를 막는 것이다. 성대도 근육이기 때문에 나이가 들면서 콜라겐이나 엘라스틴이 점점 소실된다. 게다가 폐기능까지 약화되면 목소리가 실제로 변한다. 노인들이 젊었을 때와 비교해서 목소리가 떨림이 있거나 약간 쉰 소리가 나는 경우를 들어본 적이 있을 것이다. 노화를 막기 위해서 팔이나 다리에 근육 운동을 해주듯이, 성대와 폐 기능 역시 약화되지 않도록 노력해야 한다. 이를 위해서는 당연히 성대에 자극을 가하지 않는 것이 가장 우선이다. 성대 근육에 자극을 주는 술이나 커피, 탄산은 줄이고, 대신 물을 자주 마시는 게 좋다. 그리고 '으르르르' 같은 흔히 가수들이 목을 풀 때 쓰는 '혀 떨기' 운동을 하는 것도 도움이 된다. 폐 건강을 위해서 유산소 운동을 꾸준히 하고, 입호흡 대신 코로 호흡을 하는 습관을 들이며, 크게 웃으며 폐에 있는 공기를 빠르게 신선한 산소로 전환하는 것도 필요하다.

지금 당장의 목소리를 변화시키는 방법도 있다. 이를 위해서는 목소리의 '메타인지'가 중요하다. 많은 이들이 녹음해서 본인의 목소리를 들으면 이상하다고 느낀다. 나의 경우에는 내가 느끼는 것보다는 목소리가 높다고 느껴진다. 이것 또한 과학적인 이유가 있는데, 타인의 목소리는 보통 귀로만 듣는데, 자신의 목소리는 귀로 듣는 것뿐만 아니라, 머리뼈를 통해 울리는 공명으로 추가적인 저음을 함께 인식하게 되기 때문이다. 그렇기 때문에 자신이 듣는 목소리와 타인이 듣는 내 목소리가 서로 다르다. 따라서 좋은 목소리를 위해서 조금 오글거리겠지만, 스스로의 목소리를 녹음해서 들어보는 것이 중요하다.

목소리 그 자체의 높낮이도 중요하지만, 말을 할 때의 여러 가지 습관은 그 사람의 감정과 성격을 그대로 드러내 주는 경우가 많다. 그걸 역으로 활용해서, 주로 설득을 할 때는 낮은 음의 목소리로 말하고, 어미를 얼버무리지 않고 분명하게 끝내는 것이 좋다. 분위기를 끌어올려야 하는 상황에서는 목소리 톤을 높이고, 말 자체의 속도는 조금 빠르게 가져가되, 오히려 강조하고 싶은 부분에서 적절하게 쉬는 것이 포인트가 될 수 있다.

나의 팁을 공유해 보자면, 나는 일상에서, 강연에서, 그리고 방송에서 쓰는 목소리가 다 다르다. 일상에서는 그저 편하게 이야기한다. 너무 높은 음으로는 이야기하지 않으려고 하는데 높은 음으로 이야기할수록 성대가 얇고 길게 늘어나 진동을 빠르게 해야 하기 때문에 조금 더 무리가 된다고 느껴지기 때문이다. 강연에서는 가능하다면 하모닉스를 많이 만들기 위한 노력을 한다. 짧게는 1시간, 길게는 3시간 이상 혼자 말을 해야 하는 상황이기 때문에 청중들이 듣는 과정에서 귀가 피로해지면 안 된다고 생각하기 때문이다. 그래서 말을 할 때 중간 정도의 음으로 내고 대신 적절하게 높낮이를 주고, 강조점에서 쉬는 등 여러 가지 다른 방법으로 긴 시간을 이끌어 나간다. 마지막으로 방송에서는 이 세 가지 상황 중 가장 높은 톤으로 이야기한다. 조금 더 빠르게 이야기하려고 하며, 문장을 길게 가져가지 않고 어미를 또렷하게 하려고 한다.

급변하는 세상에서, 나 자신을 명확하게 알 수 있다는 것은 분명 차별화된 나만의 무기로 중요하게 작용할 수 있을 것이다. 특히 MBTI, 퍼스널컬러와 같은 외부 도구에 의존하는 것을 넘어서 스스로의 메타인지를 점검하고, 목소리를 비롯한 나의 특성을 객관적으로 인지하고 강화하는 것이 중요한 시작점이 될 것이다. 살아가다 보면 저마다 가진 능력이 뛰어난 사람들을 무척 많이 만난다. 그리고 그럴 때마다 나의 어떤 강점을 더 키워야 경쟁력이 있을지 고민하는 순간들이 있을 것이다. 그 모든 순간들에 건승을 바란다.

잘 배우는 법

나의 강연의 비중 중 꽤 많은 것을 차지하는 것은 진로멘토링이다. 돌아보면 고등학교 때부터 교육 봉사의 이름으로 진로멘토링을 시작했고, 그 이후로 대학교를 거쳐 지금까지도 다양한 곳에서 어떻게 공부를 하고, 꿈을 찾아나가면 좋을지에 대한 이야기를 나누고 있다. 이런 자리에서 내가 공부했던 이야기를 자연스레 풀어나가게 되고, 마치 내가 옹알이를 할 때부터 공부만 했던 것처럼 전달되는 게 아닌가 느껴질 때가 종종 있다. 그리고 실제로 많은 분들이 내게 '어린 영재'의 이미지를 이야기해 주시기도 한다.

그러나 이는 사실과는 약간 다르다. 나 역시도 배우는 걸 좋아하는 것과는 별개로, 공부가 하기 싫어서 거의 몸살을 앓았던 순간도 있었다. 나가서 놀고 싶은 마음뿐이라 몸은 그저 엉덩이를 붙이고 멍하게 앉아만 있고 책은 1시간 동안 채 한 페이지도 넘기지 못했다. 그때마다 부모님께서는 '공부가 가장 쉬운 거야'라고 하셨다. 물론 당시에는 전혀 공감 가지 않는 말들이었다. 그저 노는 것이 제일 좋았고 호시탐탐 놀 틈만 노리던 나날들이 아직도 선명하다.

사실 공부를 하기 싫더라도 우리나라에 살고 있자면, 자연스레 공부를 할 수밖에 없는 환경에 놓여 있다. OECD 회원국 중 우리나라의 교육열은 십수 년째 1위를 차지하고 있다고 하니 말이다. 특히 그 교육열의 정점은 누가 뭐라 해도 고등학교 3학년이 아닐까 생각한다.

내게 있어서도 고3 시절은 특별한 기억으로 남아 있다. 내가 가장 열심히 공부를 했던 시기였기도 하지만, 아이러니하게도 다른 의미로 충격적인 일이 있었기 때문이기도 하다. 수험생으로 바쁜 하루를 보내고 온 어느 날, 어머니가 폭탄 발언을 하셨다. 공부를 더 하고 싶다는 것이었다. 그 길로 어머니는 새로운 분야에 대한 학업과 자격증을 통해 인생의 제2막을 성공적으로 개척하셨다. 당시에는 중년의 나이에 여전히 새로운 분야에 대해 호기심을 가지고 실제 행동으로 옮기는 어머니의 여정이 의아하고 신기하다는 마음이 컸던 것 같다.

그러나 피는 물보다 진하다고 했던가, 나 역시도 의무적인 교육의 울타리를 벗어난 후에도 여전히 새롭게 배우고 싶은 것들이 많다는 것을 깨닫는 데는 오랜 시간이 걸리지 않았다. 대학교에 가자마자 방학만 되면 연기를 배우러 한국예술종합학교에 가고, 홍보와 마케팅을 배우고, 변리사 사무소에서 인턴을 하고, 학교에서 지진이 나서 그 원인을 직접 알아보고 싶어서 지질자원연구원에 인턴을 지원했다. 거기서 독학한 프로그래밍 언어로 그 이후의 삶에서 아주 큰 도움을 톡톡히 받았고, AI 연구원으로도 임하고 있다. 외국에서 공부해 보고 싶어서 UC버클리에서 공부하는 과정에 도전해 보기도 했다.

나는 여전히 배우고 싶은 게 많다. 조금만 그 리스트를 공개해 보자면 지금은 드럼과 해금을 배우고 싶고, 공예도 하고, 외국에서의 삶도 살아보고 싶다. 그리고 이 책을 통해 보다 많은 분들과 만나고, 많은 이들이 삶의 여정 중 이 책을 통해 '최적화 된 삶'을 살아가는 데 도움을 받았다는 이야기들을 듣고 함께 소통해 나갈 수 있기를 바라고 있다.

부모님은, 그리고 친구들은 '아직도 그렇게 하고 싶은 게 남았어?'라고 물어본다. 그럴 때면 조금 머쓱해져서는 헤헤 웃어버리기는 하지만, 여전히 나는 하고 싶은 게 많고 어제보다 오늘 그리고 내일 조금 더 나은 내가 되고 싶다.

이렇게 멈추지 않고 계속해서 뭔가를 배우고 싶어 하는 사람들은 비단 나뿐만이 아니다. 신문이나 방송을 통해서도 으레 퇴직 후에 새로 공부를 시작하는 만학도나 N잡러에 관한 뉴스를 볼 수 있다. 그런 사람들을 보면 흔히들 '저 사람들은 보통 사람들이랑 뭔가 다른가?' 하고 생각을 하게 된다. 주변을 보더라도 무언가 새롭게 배우는 것을 유독 좋아하는 사람들이 있는데, 이들은 어쩌면 정말 과학적으로 '유전자'가 다를 수도 있다.

그렇다면 어떤 유전자의 차이 때문일까?

우선 그 답을 찾기 위해서는 우리의 호기심, 그리고 열정, 자극에 관여하는 대표적인 물질에서부터 시작해야 한다. 지금 무언가가 머리에 스윽 스쳐 갔다면, 아마 그것이 정답일 것이다. 그렇다. 바로 '도파민'이다.

언제부턴가 도파민이라는 단어는 사람들 입에 자주 오르내리면서 우리에게 친숙한 단어가 되었다. 익히 알려진 것처럼, 도파민은 신경 말단에서 분비되는 신경전달물질이다. 주로 쾌락, 기쁨, 의욕과 같은 인간의 감정에 관여하기 때문에 쇼츠나 릴스 같은 말초적인 자극을 추구할 때 "도파민 터진다"

와 같이 말하기도 한다.

이렇게 친구 이름 부르듯 친숙해진 '도파민'에 대해서 사실 우리는 잘 모르는 부분이 더 많다. 도파민은 뇌에서 분비가 어느 정도 되는지에 대한 양도 중요하겠으나, 실질적으로는 이 도파민을 얼마나 잘 인식하느냐도 중요한 문제이다. 즉 야구 배팅장에서 공이 아무리 많이 던져지더라도 공을 받아내는 능력에 따라 실질적으로 카운트되는 점수가 달라지는 것으로 이해할 수 있다.

도파민을 받아들이는 이 물질을 우리는 '도파민 수용체'라고 한다. 그리고 이 도파민 수용체의 성능에 따라서, 자극이나 새로운 걸 더 많이 추구하는 사람이 결정된다. 언뜻 이 도파민 수용체의 성능이 좋아야 자극을 더 많이 추구할 것이라고 생각할 수도 있겠지만 실은 반대이다. 오히려 이 수용체의 성능이 별로 좋지 못해야 우리는 더욱더 큰 자극을, 언제나 새로운 것을 추구하게 된다. 효율이 좋지 않기 때문에 더 많은 도파민을 받아들여야만 수용체가 받아들이는 할당량을 채울 수 있기 때문이다.

이 수용체도 종류가 여러 가지가 있는데, 계속 배우고 싶어 하는 기질과 관련된 수용체는 바로 도파민 D4 수용체이다. 이 D4 수용체 단백질은 이동, 보상, 인지, 감정 등 다양한 기능에 관여를 한다.

그렇다면, D4 수용체의 성능은 어떻게 결정되는 것일까? 이 답을 위해서는 DNA와 염색체부터 시작해서 기나긴 이야기를 해야 한다. 시작에 앞서, 우리 몸의 유전자에서 단백질이 만들어지고, 이 만들어진 단백질이 D4 수용체가 된다는 것을 알아두어야 한다.

사람은 23쌍의 염색체로 구성이 되어 있다. 이때 염색체 1쌍은 2개의 염색체로 이루어져 있기에, 우리는 총 46개의 염색체를 가지고 있다고 생각하면 된다. 이들 염색체는 우리가 흔히들 과학 책에서 보아서 기억하듯이, 실을 감아놓은 실패 모양으로 생겼다. 그리고 이들 염색체는 A, T, G, C 이렇게 4종류의 수많은 염기 서열들로 구성이 되어 있다. 사람을 비롯한 '진핵생물'로 분류되는 생물들은 길게 배열되어 있는 염기 서열들 중 필요한 부분만 선택하고, 필요 없는 부분은 잘라 낸다. 그러고는 필요한 부분만 엮어서 우리가 원하는 특정 기능을 할 수 있는 유전자로 사용한다. 그래서 우리 몸에는 46개의 염색체가 존재하지만, 이들로 만들 수 있는 유전자의 개수는 약 2만 개 이상으로 많아질 수 있는 것이다.

이 중 열한 번째 염색체에 D4 수용체를 만들 수 있는 유전자가 있다. 털실처럼 긴 염색체에서 D4 수용체를 만들기 위해서는 4개의 조각이 필요하다. 이 조각들을 각각 '엑손'이라고 한다. 이 중 세 번째 조각이 어떻게 선택되느냐에 따라서 D4 수용체의 성능이 결정이 된다. 이 세 번째 조각은 조금 특별하니 이름을 먼저 알아두자면, DRD4Dopamine Receptor D4 Exon III(세 번째 엑손 조각이라는 뜻)이다.

여기까지 왔다면 정말 다 이해한 것이다. 이 세 번째 조각에는 48개의 염기 서열로 된 특정 구간이 있다. 그런데 이 서열들이 몇 번 연달아 반복이 되느냐가 이 수용체의 성능을 결정하게 된다. 반복 횟수도 다양하지만, 보편적으로는 2회, 4회, 7회 정도를 꼽을 수 있다. 일반적으로는 이 서열이 4회 반복된 형태가 가장 많다고 한다.

그리고 7회 반복된 DRD4-7R(마지막의 R은 7회 반복repeat되었다는 의미)이 드디어 등장한 오늘의 주인공이다! 이 DRD4-7R 도파민 수용체를 가진 사람들은 도파민에 대한 민감도가 약하다. 그러니까 일반적인 양보다 더 많은 도파민을 항상 추구하게 되는 것이다. 그래서 이들은 필연적으로 어떻게든 새로운 자극을 계속해서 추구하려고 노력하게 된다고 한다. 탐구심과 호기심이 많으며 지루한 걸 참기 어렵다고 한다.

신기하게도 이러한 DRD4-7R은 아시아인들에게 유독 적은 유전자라고 한다. 추측이지만, 아무래도 유교 사상을 기반으로 예의와 규범을 중시하는 역사 속에서 자연스럽게 이 유전자를 가진 이들은 살아남기 어렵지 않았으리라 생각이 든다. 다른 인구집단에 비해서는 4분의 1가량에 불과하고, 아메리카 원주민과 비교하면 10분의 1 정도만이 이 유전자를 가지고 있다고 한다.

아마 이 글을 읽으면서, "어머, 나잖아!"라고 생각하거나, 혹은 "우리 아이가 아무래도 호기심이 무척 많은데 DRD4-7R의 아주 희소한 마이너리티 유전자를 가지고 있는건 아닐까?" 하고 궁금해진 분들이 분명 있으리라 생각한다. 그리고 유전자 검사를 의뢰하기 위해 인터넷 창을 열고 있을지도 모른다. 그러나 안타깝게도 우리나라에서는 호기심과 관련된 이 유전자는 일반적으로는 검사가 금지되어 있다.

그럼에도 '호기심이 유전자에 새겨져 있다'는 사실을 아는 것만으로도, 나를 비롯한 호기심쟁이들에게는 호기심의 근원에 대한 훌륭한 증표가 되지 않을까 생각한다.

머리는 유전일까?

그런데 공부를 좋아하는 것과 잘하는 것은 또 다른 일이다. 공부를 좋아하는 게 유전의 영향이라면, 공부를 잘하는 것도 유전일까? '아, 우리 애는 나를 닮아서 머리가 좋아.'와 같은 이야기는 드라마, 영화, 심지어 주변에서도 셀 수 없이 들어본 것 같다. 정말로 '머리'는 유전이 될까?

〈아이 쇼핑〉이라는 웹툰과 드라마가 있다. 픽션이기는 하지만, 여기에서는 아주 훌륭한 유전자를 가진 부모님에게서 태어난 아이를 입양하는 장면이 나온다. 그 아이들이 그들의 생물학적 부모님처럼 훌륭한 성취를 보여줄 것을 기대하면서 말이다.

그렇다. 실제로 유전자는 이미 우리의 형질의 꽤나 많은 부분을 '결정지어 버린다' 당장 눈으로 보이는 눈 크기, 피부색, 반곱슬 머리부터 유전의 산물이다. 그리고 이러한 외형뿐 아니라 실제로 지능도 유전의 영향을 받는다.

유전자가 실제 지능에 미치는 영향은 연령이나 환경에 따라서 달라지기는 하지만 대략적으로 40~60% 정도라고 한다. 수치를 보면, 생각보다 유전자가 지능에 미치는 영향이 많다고 생각할 수도 있다. 그리고 〈아이 쇼핑〉을 넘어서 마치 영화 〈가타카〉처럼 유전자를 재조합해서 똑똑한 아기만 태어나는 일이 현실로 금세 다가올 것이라는 상상의 나래를 펼치고 있을지도 모른다. 하지만 아직은 그 상상은 조금은 접어두어야 한다. 앞서 언급했지만, 사람의 유전자는 대략 2만 개에서

2만 5,000개 정도로 매우 많은데, 이 중 지능에 관여하는 유전자들은 아직은 명확하게 밝혀지지 않았기 때문이다. 그뿐만 아니다. 지능은 이들 각각의 유전자로만 결정되는 것이 아니고 여러 가지 유전자들 간의 복합적인 작용에 의해 결정이 된다. 이 경로를 밝히는 것부터 급선무인 것이다.

이러한 지능에 대한 대표적인 연구로, 2000년대 초반에 진행된 쌍둥이의 뇌를 분석한 연구가 있다. 먼저, 쌍둥이는 크게 두 종류로 나뉜다. 바로 일란성 쌍둥이와 이란성 쌍둥이이다. 일란성 쌍둥이는 유전자가 완전히 동일하다. 그러나 이란성 쌍둥이는 그저 한날한시에 태어난 형제자매 정도로 생각하면 된다. 그래서 성별도 다를 수도 있고, 유전자 역시 다르다. 연구에서는 일란성 쌍둥이와 이란성 쌍둥이의 뇌를 촬영했다. 보통 뇌의 회백질 영역의 크기가 지능과 연관되어 있다고 하는데, 회백질의 크기가 유전자로 결정된다는 것이 연구를 통해 밝혀졌다. 즉 일란성 쌍둥이는 회백질의 크기마저 비슷하기에 지능도 비슷하다고 예측할 수 있던 것이다.

2017년에는 보다 발전된 연구 결과가 나왔다. 지능에 관여하는 유전자 52개 정도가 밝혀진 것이다. 물론 사람의 유전자 2만여 개를 생각하면 아직 갈 길은 멀지만, IQ를 비롯한 여러 인지 능력에 관련된 유전자가 현재 밝혀져 있다. 언어능력과 운동능력에 관여하는 FOXP2를 비롯해서, 뇌 발달과 시냅스 기능을 담당하는 NRXN1, 그 외 KNCMA 1, POU2F3, SCRT 등의 유전자들이 인간의 사고나 인지 과정에 영향을 준다.

직접 지능과 연관되어 있지는 않지만, 학습 능력과 관련해서 요즘 떠오르는 키워드 중 하나인 ADHD도 실은 유전자와 영향이 깊다. 행복 호르몬이라는 별명을 가지고 있는, '세로토닌'이 있다. 만약 어머니가 TPH1, TPH2 유전자에 돌연변이가 있다면 이 세로토닌의 수치가 낮아지게 된다. 그리고 이 돌연변이를 가진 어머니의 자녀는 ADHD를 가질 확률이 1.5에서 2.5배까지 높아질 수 있다고 한다.

우리가 아직 잘 모르는 유전자의 지도에는 대략적이지만 우리의 타고난 '공부 머리'까지 이미 그려져 있었던 것이다.

공부 잘하는 방법이 있을까?

그러면 선천적으로 호기심 강한, 또는 머리가 좋은 유전자를 타고나지 않은 사람이 공부를 잘하려면 어떻게 해야 할까? 사실 '공부 잘하는 법' 또는 학습법 등은 이미 숱하게 많다. 나 또한 어릴 때부터 '몰입의 중요성', '생생하게 상상하면 이루어진다', '임계점을 넘겨야 한다' 등 학습과 관련된 숱한 구절들을 보고 삶에 적용해 보려고 노력도 했더랬다.

먼저 노력에 대한 이야기를 하기 전, 당연하겠으나 뇌가 형성되는 시기에 뇌의 기능이 최적화될 수 있도록 환경을 구축해 주는 것부터 시작하는 것이 좋을 것이다. 즉 태아 시기는 후천적으로 지능이 결정되는 매우 중요한 시기이다. 지능이라는 것은 어찌 보면 뇌의 신경망이 얼마나 잘 연결 관계를 맺고 있느냐라고도 생각할 수 있다. 그렇기 때문에 임신 시기에 다양한 영양성분을 충분히 잘 섭취해서 아이 뇌의 신경망을 잘 만들어 주는 것이 중요하다고 한다. 특히 또 음식이 중요한 것은 '오감자극'을 통해 뇌 신경망에 영향을 줄 수 있기 때문이다. 특히 이 중 후각을 자극하는 것도 좋은 방법일 수 있다. 아기들의 후각은 7주 정도부터 형성이 된다고 한다. 그리고 14주차가 되면 꽤 비슷한 구조로 자리가 잡히고, 28주부터는 어른처럼 기능을 할 수 있다고 한다. 후각과 뇌의 상호작용은 이토록 특별하다. 심지어 다 큰 우리들조차도, 어떤 냄새를 맡으면 특정 추억이 떠오르거나, 갑자기 침이 고이거나 할 때가 있으니 말이다.

그렇다면 세상에 태어난 뒤에는, 우리는 어떤 노력으로 공부를 잘할 수 있을까? 과학적으로는 공부라는 건 결국 뇌와 어떻게 잘 승부를 볼 것인지에 달려 있다. 뇌는 꽤 분업이 잘 된 기관이라 단기 기억을 담당하는 해마와 장기 기억을 담당하는 대뇌 피질로 나뉘어 있다. 많은 경우, 공부의 주된 목표는 단기 기억을 장기 기억으로 잘 전환시키는 것이다. 이때 가장 중요한 것은 그 정보가 웬만큼 충격적이지 않는 이상, 장기 기억으로 전환시키기 위해서는 반복과 복습이라는 고전적인 방법이 수반되어야 한다는 것이다. 반복과 복습이 없다면 뇌에서는 이 새로운 정보가 그렇게 중요한 정보는 아니라고 간주하고 망각해 버린다.

어떻게든 뇌에 각인을 시키기 위해서 우리는 각자에게 맞는 다양한 방법을 적용할 수 있다. 구체적인 방법론은 조금씩 다르지만, '오감학습법'이라고도 불리는 단순히 눈으로만 학습하는 게 아니라 다른 감각을 적극 활용해서 공부하라는 것도 흔히들 활용하는 방법이다.

나의 경우에도, 중학교때까지 공부할 때면 앞에 인형들을 앉혀두고 인형들에게 주절주절 떠들어 대며 공부를 했다. 가만히 앉아 있기에는 무척이나 내가 에너지가 넘쳤고, 조용한 환경은 잠이 오기 딱 좋았기 때문이다. 중학생의 막연한 시도였지만 실제로 유의미한 효과가 있기도 했고, 놀랍게도 과학적인 근거 또한 있는 방법이었다. 학습과학에서 말하는 프로테제 효과라는 것이 있다. 나의 경우처럼 다른 사람에게 무언가를 가르치고 설명할 때, 그 지식을 더 깊이 이해하고 잘 기억하며, 더 나아가 자신의 이해도와 수행 능력이 향상되는 현상을 뜻한다. 안타깝게도 인형들은 내 가르침을 듣지는 못했지만 내가 그 말을 다시 들으면서 엉겁결에 반복학습의 효과까지도 누리게 된 것이다. 나의 방법을 택하지 않더라도 학습에서 중요한 것은 뇌를 자극할 수 있으면서도 자기에게 맞는 방법을 찾아내면 되는 게 아닐까. 각자의 성향에 맞춰 '소리 내어 말하기', '도식화하여 그림으로 그리기' 등의 다양한 방법을 활용할 수 있을 것이다.

특히 공부에서 가장 중요한 건 기존에 가지고 있는 지식과 연관 짓는 것이라고 한다. 요즘 나는 약간의 직업병처럼 일상 속에서 과학적인 요소들을 찾고는 한다. 젤네일을 손톱에 바르고 UV로 굳히는 모습을 보면서, '레진' 성분이 빛을 받으면 굳는 '광경화' 과정과 연관 지어 생각하고는 한다. 이뿐만이 아니다. 코미디 영화를 보면서도 "아, 이런 장면은 이 과학 원리와 연관 지어 설명할 수 있지 않을까?" 하는 식으로 끊임없이 전혀 연관성이 없는 요소들 사이에서 과학을 찾아내고는 한다. 적고 보니 이것이 바로 '과학 덕후'가 아닌가라는 생각이 물씬 들지만, 공부와 관련지어 이야기해 보자면 이렇게 기존 지식과 새로 받아들이는 지식을 연관 지어 인식하는 학습 방식 자체는 무척 효용가치가 높다. 뇌에서는 이러한 연결을 통해 새로 들어온 정보도 당연히 중요한 정보라고 받아들일뿐더러, 더욱 견고한 네트워크가 형성되는 데 도움을 주기 때문이다.

뇌는 가소성이 있다. 가소성이란 물질이나 시스템이 외부의 힘이나 자극에 의해 변형된 후에도 원래의 형태로 돌아가지 않고 변형된 상태를 유지하는 성질을 말한다. 내가 어떤 생각을 하고 어떤 것을 넣어주느냐에 따라 뇌 또한 조금씩 변화시킬 수 있다는 것이다. 그래서 무언가를 해보고, 생각하고, 그 과정에서 깨달음을 얻는 것이 중요하다.

실은 무엇인가 새롭게 시작을 하는 건 몹시 어렵다. 그러나 한번 습관화가 되면, 그때부터는 조금 더 쉬워진다. 공부도 마찬가지이다. 책을 펼치기까지 우리는 얼마나 깊은 고뇌에 빠지는가. 괜히 오늘따라 선거 방송도 재미있고, 방은 갑자기 너무나 어지럽혀졌다고 느껴져서 당장 청소를 하지 않으면 큰 일이 날 것만 같고, 오늘따라 밥도 맛있어서 식사를 마치고 방에 들어가는 것조차 고역일 것이다. 그러나 그 시작만 잘 이겨내면, 어느새 습관이 굳어진 나를 보면서 뿌듯해할 날이 있을 것이다. 습관을 만드는 것은 지난한 일이고, 그 효과가 가시적으로 바로 보이지도 않겠지만, 이렇게 만들어지는 습관은 천천히 우리의 뇌를 변화시켜 가는 중이다. 오늘의 내가 모여서 미래의 나를 만들어 나가는 것이다.

건강한 정신으로 살아가는 법

솔직하게, 사는 것이 녹록지 않은 세상이다. 그 이유를 따지자면 한도 끝도 없겠지만, 굳이 하나를 꼽자면 '너무 잘 포장이 되어서'라고 생각한다. 예전에는 옆집에 누가 사는지 다 알았다. 어린 시절, 부모님께 꾸중을 들으면 옆집으로 튀었다. 친구네 집에 놀러 가는 것도 일상이었고 친구 컴퓨터 비밀번호도 공유하는 사이라 친구 집에 먼저 가서 게임을 하고 있기도 했다.

그로부터 20년이 안 되었다. 이제 우리는 옆집에 누가 사는지 모른다. 벽 너머 행여나 큰 소리라도 들리면 놀라고 무서워하기도 한다. 바로 옆집에서 일어나는 일조차 잘 모르는 것이 당연하다고 여기기도 한다. 그런데 아이러니하게도 우리는

면 나라 이웃 나라가 무색하게 세계 곳곳의 모든 일들을 손안에서 다 볼 수 있다. 이 괴리가 사람을 정말이지 '미치게' 만드는 것이다. 가수 아이유의 노래 가사처럼 어쩌면 우리는 '모두 다 조금씩 외로울지도 모른다'. 그러나 SNS 속에서의 사람들은 어찌나 반짝반짝 빛만 나는지, 그들을 보다가 나를 보면 내가 현실감이 없어 보인다. '초라해 버리기' 싫어서 외면해 버리게 된다.

그래서일까? 정신질환 관련 진료를 받는 이들은 해마다 증가하고 있고, 그 수치는 2023년 기준 268만 명에 육박한다고 한다. 이 중 20대가 18.6%로 최대 인원이고, 30대는 16%로 그 뒤를 잇는다. 특히 2030세대의 우울과 불안 지수는 심각한 상황이고, 계속 증가하는 추세라고 한다. 누군가는 이러한 청년 세대들이 과거 어떤 세대보다 가장 풍족한 세대임에도 정신질환율이 높다는 사실에, 이들을 유약한 세대라고 말한다. 실제로 지금 세대는 예전보다는 당장 끼니를 해결하기도 어려울 확률이 적을 수 있다. 낮아진 출산율 그리고 기성세대들의 경제 성장에 힘입어 부양할 가족에 대한 극심한 책임감이 부여될 확률도 적을 수 있다. 그러나 SNS 등을 통해 끝도 없이 스스로의 삶을 매 순간 타인과 비교하고 비교당하게 되는데, 한편으로는 온기를 나누고 속 이야기를 하는 관계는 점점 줄어들고 있다. 이런 아이러니가 어찌 보면 청년 세대의 정신건강을 위협하는 요소이지 않을까 생각한다.

더 나아가, 지금의 청년 세대는 '실패'가 무서워서 도전조차 하기 힘들어하는 세대라고도 한다. 이들은 아주 어릴 적부터, 심지어 학교를 들어가기 전부터 시작되는 '4세 고사', '영어 유치원 입시' 등과 같이 언제나 목표치를 가지고 그것만을 위해 노력하는 삶을 살아가고 있다.

이렇게 목표를 달성하는 것만이 인생의 모든 목적처럼 치부되는 현실에서, 목표를 달성하지 못하는 것은 인생 전체의 실패로 귀결된다고 느끼며, 차라리 도전하지 않는 것이 안전하다고 여길지도 모른다.

그리고 이러한 그들의 유년기가 청소년기의 그리고 그 이후의 청년기까지의 정서를 우울과 불안에 젖게 만들고 있는 것이 아닐까. 사실은 그것이 인생의 전부가 아님에도 말이다.

실제로 이에 대해 많은 이들과 이야기 나눈 적이 있다. 지금의 현실은 내가 실제로 어떤지보다는 그럴싸한 가면을 쓰고 괜찮은 체하며 있기에 무척 좋은 세상이다. 그렇다 보니 만나서 표면적으로 서로를 대할 때는 모두가 그럴싸해 보이고 걱정도 없어 보인다. 그들의 실제 생각이나 고민은 쉽게 드러나지 않을 때가 많다. 스스로도 드러내기를 원치 않기도 하고 말이다. 그런데 발산되지 못한, 드러나지 못한 고민은 그 안에서 계속 곪아서 결국에는 그 자신을 잡아먹고 만다. 실은 혼자의 시간으로 돌아가서는 무척 많은 친구들이 이런 일들로 말 못할 어려움과 아픔을 겪고 있다.

그리고 한번 이러한 자기연민 혹은 자기비하에 빠져버리면 마치 누군가 거대한 성벽으로 가둬둔 것처럼 세상은 제한적으로 보이게 된다. 나갈 수 있는 길, 빠져나갈 구멍이 전혀 보이지 않고 이미 모든 것이 결정되어 버렸고 바꿀 여지는 전혀 없는 것처럼 느껴지는 것이다. 그런 상황을 이겨내고자 한다면 흔히들 알고 있는, 그리고 당사자조차도 알고 있을, 어려운 상황을 극복하기 위해 해볼 수 있을 만한 많은 일들의 리스트를 시도해 볼 수 있을 것이다. 그러나 정말 어려울 때는, 머리로는 알고 있더라도 그걸 실제 행동으로 옮길 수 있을 자그마한 기력조차 없을 때도 있다. 그럴 때 그들에게 '나약하다'고 단정 지어 말하는 것은 단연 잘못이다. 왜냐하면 정도가 크든, 작든 거의 대부분의 사람들은 살면서 적어도 매우 가벼운 수준이라도 이러한 경험을 하기 때문이다.

그런 순간이 찾아올 때 내가 생각하는 가장 좋은 해결책은, 먼저 생각을 끊는 것이다. 우리는 '아, 그때 그렇게 했어야 했는데'라며 과거를 계속 곱씹으며 진한 후회를 하거나, '이렇게 하면 나중에 어떻게 되는 거 아니야?'라며 미래에 대해 불안해하며 발을 동동거릴 때가 많다. 가뜩이나 어려운 현재 상황에서 과거와 미래까지 불러오는 것은 혼란과 낙담만 가중시킬 뿐이다. 그래서 그냥 그런 생각이 들더라도 끊어버리고 차라리 노래라도 한 곡 듣거나, 낮잠이라도 자는 것이 훨씬 도움이 된다. 현실에 집중하고, 아주 단기적으로 눈앞에 당장 닥친 일에만 신경을 쓸 수 있도록 하는 것이다. '그래도 미래를 준비해야 하는데…'라고 생각이 들 수도 있다. 그러나 당장 오늘 하루를 살아가는 것도 벅찬 마음이 든다면 미래까지 구체적으로 설계하는 건 아직은 무리다. 몸이 다쳐도 재활의 시기가 필요하듯이, 마음도 마찬가지이니 말이다.

이렇게 현실에만 집중하는 모드를 만든 뒤에는 자그마한 성공을 맛보는 것이 가장 중요하다. '자기효능감'이라고 거창하게 표현할 수 있을 텐데, 그저 내가 조금이라도 괜찮은 사람이라는 기분을 계속 맛보는 과정이 필요하다. 이를 위해서 우선 '실현 가능한 작은 목표'를 세우는 것부터 시작해야 한다. 예를 들어보면 '일주일 동안 매일 아침 산책하기', '매일 새벽 2시 전에는 잠들기', '하루에 친구 2명에게는 연락해 보기' 이런 식이다. 물론 이러한 예시는 나에게 있어 작은 목표인 것이고 각자에게 적합한 작은 목표가 있을 것이다. 이를 하나씩 해

나가면서 조금씩 더 크다고 생각하는, 달성하기 어렵다고 생각하는 목표에 도전해 나가는 것이 중요하다.

우리가 운동을 할 때면, '처음에는 힘들지만 굳은살이 생기면 괜찮다'라는 말을 흔히 듣는다. 인생도 마찬가지이다. 포기하고 싶고, 나는 다 안 될 것 같은 순간은 그저 근육통이 생긴 순간일 뿐이다. 그걸 잘 이겨내고 계속 도전하고 실패도 하고, 성공도 하는 경험이 누적되면 우리는 조금 더 단단해진 마음을, 그리고 인생에 도전할 저력을 얻게 된다.

사회는 정말 빠르게, 그리고 다양하게 변화하고 있다. 그렇다 보니, '무조건 대기업에 들어가야 해', '공무원을 해야 해', '일단 '영끌'을 해서라도 집을 마련해야 해', '집을 마련하는 건 불가능하니까 대신 주식을 하면서 청약에 도전해' 등 사회에서 맞다고 이야기해 주는 길도 계속 변화하는 것이 당연하다. 또한 주변의 적극적인 추천에 못 이겨 그 길을 따라가다가도, 얼마 지나지 않아 '그 길은 이제 유행이 끝났어'라는 판정을 들어버릴 때도 있다. 어떤 분야가 채용 인원이 늘어날지, 어떤 분야가 사양길로 들어설지 예측은 할 수 있어도 확신할 수 있을 사람은 없다. 그렇기에 단지 우리를 지켜주는 것은 스스로 단단한 마음을 가지는 것이다. 그리고 그 단단한 을 얻기 위해서, 그리고 유지하기 위해서는 마치 수련을 하듯이, 계속 도전하고 성공과 실패의 경험을 누적하는 수밖에 없다.

주변에서 나는 그야말로 성공가도만 걸어온 것이 아니냐는 이야기를 종종 듣는다. 그러나 고백하자면, 나의 삶이야말로 언제나 거의 대부분이 "그건 절대 안 돼"라고 하는 것에 대한 일종의 반발심을 품은 도전이었다. 어릴 적 영재교육원 시험을 보러 갔을 때도, 시험장에서 과외를 받지도 않은 내가 붙는 것은 불가능할 것이라는 이야기를 들었고, 대학교, 대학원, 그리고 과학 커뮤니케이터로의 도전을 하는 순간에도 거의 대부분 들었던 것은 불가능에 대한 이야기였다. 그러나 나는 그저 끊임없이 도전했다. 비율로만 따지면 성공보다는 실패의 순간이 훨씬 많았고, 알려진 것보다 내가 도전한 횟수 역시 훨씬 많았다. 겉으로는 웃으며 평온한 듯 앉아 있을 때에도, 속으로는 어떻게 다음 도전을 준비할 수 있을지, 상황을 타개할 방법은 없을지를 끊임없이 고민하고 계속 두드려 댔다.

너무 힘들고 어렵게 느껴지는 순간에도 오히려 그 하루에 충실하며 그래도 해낸 나를 스스로 응원하고 용기를 북돋아 주기 위해 언제나 노력했고 지금도 노력하고 있다. 모두에게 오늘 하루는 다시 돌아오지 않을 귀중한 순간이고, 그 '오늘'이 모여 지금의 나를 이루어 나가고 있을 것이다. 모든 여정과 경험 속에서 모두에게 적어도 한 번은 이러한 방법을 실천해 보고자 시도해 보는 마음을 일으킬 수 있기를 바란다.

마음의 감기가 찾아올 때

모든 일은 '내가 정말 그런가?'라는 일종의 인지 과정에서부터 시작한다.

살다 보면 우리의 감정이 널을 뛰는 순간이 무척 많다. 나는 길을 걷다가 귀여운 강아지만 보아도 하루 종일 기분이 좋다. 보고 싶었던 영화의 결말을 스포일러 당하면 기분이 나빠진다. 이 정도까지는 아니더라도 말 그대로 '일희일비'하는 감정은 자연스러운 현상이다. 특히 업무량이 너무 많아지거나, 중요한 시험을 앞두고 있자면 극심한 스트레스에 시달리는 것도 당연하다. 그렇기에 지금 나의 상황이 그저 감정의 변동 상황인 것인지, 마음의 감기에 걸린 것인지를 구분하는 인지 과정이 필요하다.

이때 '강도'와 '기간'을 주의 깊게 생각해 보아야 한다. 단순히 일을 다 던지고 어디 가서 며칠 쉬고 싶은 마음이라면 정상적인 스트레스 반응일 것이다. 그러나 무얼 해도 재미가 없고, 일도 못 하겠고, 예전에 가장 즐거워했던 무언가를 해도 즐겁다고 느껴지지 않는다면 마음의 감기라고 생각해 볼 수 있다. 더 나아가 기력이 떨어지고, 허무해지거나, 잠을 자기 어렵거나 혹은 너무 많이 자게 된다든지, 뭔가를 폭식하게 되거나 아니면 반대로 아예 못 먹게 된다든지도 중요한 지표이다. 그리고 별생각 없이 해내던 루틴 같은 일들이 무너지면 그건 가장 큰 신호라고 생각할 수 있다. 아침에 일어나고, 씻고, 출근을 하는 일이 극단적으로는 도살장에 끌려가는 소의 기분이 이러할까 정도로 아찔하게만 느껴진다면, 그리고 친구와 일상적인 이야기를 하는 것조차 숨이 막히고 버겁게 느껴진다면 꼭 병원에 가보는 것이 중요하다.

기간의 경우에는 정상적인 스트레스 반응이라면 2, 3일이면 해소가 된다. 많이들 잘 알고 있는 해소법들인 술자리에서 신나게 놀거나, 노래방에 가서 고음 위주로 노래를 부르거나, 친구들과 수다를 떠는 등 다양한 방식으로 말이다. 그러나 앞에서 이야기한 기분의 강도로 2주간 지속이 된다면 이때는 우울장애를 의심해 보는 것이 필요하다.

마음의 감기는 누구에게도, 언제라도 찾아올 수 있다. 그러나 중요한 것은 어떻게 현명하게 대처할 것인지이다. 실제로 이렇게 우울증의 상태에는 뇌의 '전두-선조체 현저성 네트워크'가 확장된다고 한다. 길을 걷다가 넘어져서 무릎이 깨지면, 피가 나고 살갗이 벗겨진다. 이처럼 마음의 감기도, 정말

말 그대로 뇌에 변화가 생긴 상태인 것이다.

앞서 이야기한 여러 가지 자그마한 일들을 실천해 보고, 조금 더 나아지면 규칙적으로 생활하며 일상의 루틴을 다시 되찾아 온다면 우리 마음의 상처에도 다시금 새살이 돋아날 수 있을 것이다.

실패해도 괜찮아

무언가에서 실패를 하게 되면, 인생이 실패한 것처럼 과하게 생각하게 될 때가 있다. 하지만 절대 그렇지 않다. 오히려 실패가 있어야 성공도 있다. '실패는 성공의 어머니'라는 말도 있지 않은가.

중학교 시절, 2단 줄넘기, 일명 '쌩쌩이' 수행평가가 예고된 적이 있다. 나는 운동신경이 좋지 못한 편이라 모든 내신에서 가장 고역인 것이 '체육 수행평가'였다. 타고난 것이 매우 중요한 그 수행평가가 몹시 난처했던 기억이 아직도 선명하다. 어쨌든 수행평가를 위해 나는 그날부터 매일 1시간씩 저녁마다 줄넘기를 해댔다. 얼마나 줄넘기를 빠르게 돌려야 하고, 어떤 소리에 맞추어 발을 떼고 도약을 시도해야 줄이 두 번 넘어갈 동안 내가 공중에 떠 있을 수 있을지를 분석했다.

그렇다. 슬프게도 이렇게 분석한다는 것부터가 얼마나 운동신경이 없는지를 보여준다. 어쨌든 그 정도로 나는 '분석적'으로 쌩쌩이를 잘하기 위해 갖은 노력을 했다. 거의 일주일 내내 연습을 하던 어느 날, 기적처럼 한 번의 쌩쌩이를 성공했다. 그 다음은 이전보다는 나았다. 방법을 터득했기 때문에 노력만이 살길이었다. 한 번을 두 번으로 만들고, 그것이 스무 번이 되었다. 그리고 수행평가 만점까지 이어졌다.

어린 나이였지만, 그때 나는 깨달았던 것 같다. 결국 실패는 훌륭한 오답노트이다. '망했다'고 생각하고 포기할 때가 아니라, 오히려 다음에 내가 어떻게 해야 할지에 대한 방향타를 잡아줄 수 있는 훌륭한 재료인 것이다.

우리가 알고 있는 모든 과학도 대부분 실패에서부터 출발한다. '실패는 성공의 어머니'라는 유명한 격언을 남긴 에디슨도 전구를 개발하기 위해 2,000번이 넘는 실패를 했다. 과학을 잘 모르는 이들도 천재 과학자라고 잘 알고 있는 아인슈타인도 일반상대성이론을 완성하는 데 10년 넘는 시행착오를 거쳤다.

우리는 흔히 실패는 '잘못된 것'으로 치부한다. 실패자는 영원한 패배자인 듯 사회적으로 낙인을 찍어버리기도 한다. 이 때문에 실패가 두려워서 도전조차 꺼리게 되는 경우도 있다. 특히 주거, 일자리, 관계, 경제 등 많은 부분들이 빠르게 변화함에 따라 기존에 맞는다고 여겨진 정론은 이제는 다 의미 없는 공략법이 되어버린 경우도 많다. 혹은 어린 시절부터 주어진 길만 무던하게 따라갔다면 어느 날 불현듯 찾아온 실패에 내성 없이 직격탄을 맞아 정신 차리기조차 어려울 수도 있다. 그러나 이 관점을 바꾸어야 한다. '실패'는 우리 뇌의 회복 탄력성을 길러줄 수 있는 훌륭한 자양분이다. 세계 유수 대학인 하버드, 스탠퍼드, 프린스턴을 비롯해 우리나라의 카이스트에서도 실패에 대한 경험을 나누는 프로그램을 만들고 '실패를 건강하게 이겨내는 법'에 대해 다루고 있다.

사람은 '학습'의 동물이다. 실패를 통해 배운다는 것이다. 그러나 실패에 대한 두려움, 또 실패하면 어떡하지 하고 미리 걱정하는 마음이 우리를 앞서기 때문에 우리는 실패를 불안하다고 느끼고, 꺼리게 되며 도전조차 어렵게 느끼기도 한다.

'지능적 실패'라는 말이 있다고 한다. 결국 실패라는 결과에 이르는 데에는 다양한 요소들이 작용했을 것이다. 그렇기에 오답노트를 작성하듯이, 왜 실패했는지 각 요소들을 확인하고, 오히려 지식을 발전시키며 유용한 학습으로 이어지도록 하는 것이 바로 '지능적 실패'인 것이다. 이를 통해 우리는 더 나아갈 수 있는 담력과 능력을 얻게 된다.

현대인들의 적, 스트레스

사실 모든 현대인들이 공유하고 있는 공공의 적이 있다. 바로 '스트레스'이다. 스트레스를 받지 않는 사람이 있을까? 스트레스에 대한 주제로 강연을 꽤 하는 편인데, 심지어 어린 학생들에게도 '혹시 살면서 스트레스를 한 번도 느껴보지 못한 친구?'라고 물어보았을 때 아무도 손을 들지 않는 것을 보아 아무래도 이 세상 모두는 스트레스의 굴레에서 허덕이고 있는지도 모른다.

학업, 취업, 직장, 인간관계, 가족, 연인, 경제, 건강 등 스트레스를 받는 요소도 각양각색이다. 그런데 실은 이런 스트레스는 되도록이면 받지 않는 것이 중요하고, 받았더라도 슬기롭게 잘 해소하는 것이 중요하다. 왜냐하면 스트레스는 뇌 손상, 체중 증가, 우울증, 발열, 노화를 불러오기 때문이다. 아마 과학적으로 스트레스의 가장 무서운 점은 뇌 손상이 아닐까 한다. 그러나 아마 노화나 체중 증가를 생각하신 분들도 많을 것이다. 이런 스트레스 상황과 영향에 가장 주요하게 작용하는 것은 '스트레스 호르몬'이라는 별명을 가진 코르티솔이다. 이 코르티솔은 스트레스가 많아지면 과다 분비된다. 그리고 해마와 전두엽을 손상시킨다. 해마는 대표적인 기억력의 중추이고, 전두엽은 주로 인지를 하고 집중을 담당하는데, 이 두 가지가 손상이 되면 아무래도 공부를 하는 학생 입장에서는 여간 낭패가 아닐 것이다. (어른에게도 몹시 낭패이다. 주차한 자동차 위치가 기억이 나지 않을 때가 너무나 많다.) 게다가 청소년의 경우에는 뇌에서의 시냅스 연결이 폭발적으로 일어나는 청소년기에 코르티솔이 과다분비되면 뇌유래성장인자인 BDNF의 생성이 저하된다. 이뿐만이 아니다. 해마가 손상이 되면 기억력뿐만이 아니라 불안과 충동성이 높아지고, 판단력도 저하된다.

코르티솔이 많아지면 염증도 많이 생기게 된다. 염증이 생기면 우리 몸에서는 염증을 없애기 위해서 히스타민의 분비를 늘리게 된다. 히스타민은 뇌로 전달되어서 행복 호르몬인 '세로토닌'의 분비를 줄어들게 한다. 행복한 호르몬이 줄어들게 되니 우울도 찾아오게 된다. 이 염증은 노화도 불러일으킨다. 심지어 염증에 의한 노화에 더해서, 코르티솔은 세포 노화에 영향을 주는 '텔로미어'를 빠르게 단축시키기까지 한다.

게다가 스트레스를 받으면 살이 찐다. 이것 또한 코르티솔이 지대한 영향을 미치는데 먼저 이 호르몬은 지방조직에 지방이 저장되도록 자극한다. 심지어 이 기작은 복부에서 가장 빈번하게 일어나기 때문에 스트레스를 받아서 살이 찌면 배가 더 나올 확률이 있다고 한다. 그리고 이 스트레스 호르몬은 에너지 소모를 막는 데다가 단 음식을 더 찾게 만드는, 그야말로 악역이다.

그리고 스트레스를 받으면 우리는 관습적으로 '열받는다'라고 표현한다. 그리고 이건 비유가 아니다. 실제로 우리가 스트레스를 받으면 열이 나게 된다. 그렇다. 아플 때 열이 나는 것과는 다른 경로로 뇌의 신호가 전달되는데, 뇌의 시상에 있는 실방핵이라는 부위가 '스트레스 센서'로 작용한다. 갈색 지방을 자극해서 정말 열이 나도록 만들어 주게 된다.

이렇게 백해무익한 스트레스 상황에서 빠르게 벗어날 수 있는 몇 가지 방법이 있다. 먼저, 잠을 잘 자야 한다. '스트레스 슬리퍼stress sleeper'라는 말이 있다. 전쟁에서 살아 돌아온 병사들이나, 탈북민들은 안전한 상황에 놓이게 되면 길게 잠을 잔다고 한다. 잠을 자게 되면 코르티솔 수치가 낮아진다. 충격은 줄어들고 단기기억이 장기기억으로 전환되는 효과는 덤이다.

혹시라도 잠을 깊게 이루지 못하는 상황이라면 적어도 밝은 빛이라도 많이 쬐어서 자연적으로 합성되는 '세로토닌'의 도움을 받아서 행복해져야 한다. 조금 귀여운 방법으로는 반려동물을 끌어안는 방법도 있다. 그저 귀여운 반려동물을 안고만 있어도 유의미하게 코르티솔 수치는 낮아진다고 한다.

그리고 장-뇌 연결을 잘 이용하는 것도 중요하다. 장과 뇌는 밀접하게 연결이 되어 있어서 장이 건강하지 않으면 뇌도 건강하지 않다. 장이 건강하면 스트레스 상황을 이겨내는 '회복탄력성'도 높아진다고 한다. 그래서 장의 건강을 챙기는 게 중요한데, 다양한 종류의 장내 미생물들이 잘 살 수 있도록 유산균이나 요거트 같은 식품의 적절한 섭취도 중요할 것이다.

실은 이러한 방법들은 이미 존재하는 스트레스에 대한 해결방안이기는 하다. 그렇다 보니 가능하다면 이러한 사후약방문보다는 스트레스의 원인 자체를 없애는 것이 더욱 좋을지도 모른다. 실제로 타고난 기질상으로 스트레스를 적게 받는 부류도 있다고 한다. 그 기질로는 외향성, 성실성, 낮은 신경증이 꼽힌다. 그런데 그렇다면 타고나기를 내성적이고, 간헐적으로 성실하며, 다소 예민하다면 스트레스를 동반자로 삼고 살아야 할까? 그건 아니다. 다행히도 해결 방법이 존재한다. 학자들은 '서술성 정체성'이 중요하다고 말한다. 이 서술성 정체성은 쉽게 말하면 내가 주인공인 어떤 이야기책에서 나의 성격이나, 닥쳐올 이야기들에 대해서 나의 정체성을 내가 정할 수 있다는 것이다. 드라마를 여러 편 보다 보면, 같은 일을 겪더라도 주인공의 성격이나 정체성에 따라 어떤 주인공은 모든 역경을 극복하기도 하고, 어떤 주인공은 역경에 무너지기도 하는 것처럼 말이다.

이 서술성 정체성은 스스로 정할 수 있다. 아니, 심지어 원하는 대로 언제든지 마음대로 설정할 수도 있다. 이러한 서술성 정체성 확립에 도움이 되는 것 중 '긍정확언'이 있다. 쉽게 말하자면 "나는 성공할 거야" 식의 미래형 서술이 아닌, "나는 성공했다"라는 완료형 서술을 하는 것이다. 그렇다. 사실 우리의 정서상 이렇게 마냥 당당한 표현은 괜스레 머쓱하게 느껴지고, 겸손한 표현을 덧붙여야 할 것 같이 느껴질 때가 있을 것이다. 그래서 "나는 성공했다. 아냐, 사실 거짓말이야"라고 사족을 슬며시 붙일 때도 있을 것이다. 그러나 이러한 머쓱함을 극복하고 내뱉는 긍정확언이, 그리고 서술성 정체성이 우리의 삶을 어제보다 더 행복하게 바꾸어 주리라 믿는다. 모두가 이 험한 세상을 조금 더 무탈하고 평안과 행복을 누리며 살아갈 수 있기를 바란다.

내가 나 자신으로서 존재하는 것

SNS에서 '핫플 리스트' 같은 게시글들이 넘쳐나는 세상이 되었다. 그런 게시글들을 몇 개 넘겨보고 있자면, 어느새 꼭 가야만 할 것 같다고 느끼며 게시글을 저장하고, 코스를 외우고 기록하는 모습을 발견하게 된다. 가령, '강남 데이트코스 핫플'이라는 게시글을 본다고 한다면 먼저 가볍게 볼 수 있는 전시나 팝업 스토어가 나열되어 있다. 뒤이어 멋진 사진과 함께 식당 추천과, 그에서 꼭 먹어야 하는 메뉴의 리스트들을 볼 수 있다. 다음 장을 넘기면 기대에 부응하듯 식사 후에 가야 하는 카페 리스트가 있고, 역시나 메뉴 추천도 함께 자리한다. 마지막으로 분위기 좋은, 한잔할 수 있는 바나 이자카야까지 추천해 주는 그야말로 완벽한 데이트 코스가 나열되어 있는 것이다.

우리는 이런 글을 볼 때면 지도를 보고 동선을 체크하거나, 주변에 물어보고 후기를 찾아보는 등의 검증 단계도 가볍게 생략하고는 얼른 친구와 만날 약속만 잡고, 게시글 그대로 따라 하기도 한다. 심지어 내가 진짜 먹고 싶은 게 무엇인지는 생각조차 해보지 않은 채로 말이다.

이런 세상에서 내가 하는 모든 일들은, '정말로' 내 의지로 하는 일일까? 아니면 알고리즘과 트렌드가 만들어 낸 환상에 불과할까?

우리는 아주 나약해서 분명 저녁을 먹고 왔는데 밤늦게 텔레비전에서 꼬들한 라면 면발을 호로록 넘기며 맛있게 먹는 모습을 보면 나도 모르게 라면 물을 올리고 있기도 하다. 그런 우리에게 '자기 의사'라는 건 정말로 '나만의 의사'일 리 만무하다.

사람의 자유의지가 정말로 있을까?

아주 예전부터 과학자들은 무형적인 가치를 실제로 증명하고 싶어 했다. 대표적인 것이 바로 '의지'이다. 그도 그럴 것이, 한때 무척 유행하던 탕후루, 두바이초콜릿, 그리고 1만 번

저어야 만들 수 있다는 달고나 커피까지, 분명히 유행이 아니라면 쳐다보지도 않았을 음식들을 우리는 줄을 서서라도 맛보려 애쓰기도 한다. 이 외에도 오늘 지하철 대신 버스를 타겠다고 결정하는 것, 콜라를 마실 때 일반 콜라 대신 제로 콜라를 먹는 것 등이 모두 나의 의지로 결정한 일일까? 이걸 아는 것은 실로 어렵다.

1983년 생리학자 벤저민 리벳Benjamin Libet은 인간의 자유의지를 밝히기 위한 실험을 설계했다. 당시 뇌 영상 기술은 이제 막 발전하기 시작했다. fMRI도, PET도 아직 임상에 도입되기 전이었고, 뇌파(EEG)로 전기 신호를 측정하는 것이 최선이었다. 그래서 지금 보았을 때는 다소 단순하게 실험을 설계했는데, 리벳은 실험에 참가한 이들에게 자신의 의지에 따라 손을 까딱거리라고 지시를 하고, 뇌에서의 전기 신호 반응을 확인했다.

실험 결과는 놀라웠다. 실험에 참가한 이들이 '자유의지에 따라 어떤 결정을 내렸다'고 의식하기 0.3~0.5초 전에 이미 뇌에서는 그 행동을 할 준비를 하면서 '운동준비전위'라는 전기 신호를 보내고 있었다. 이 실험 결과를 통해 당시에 이 행동들이 무의식적으로 일어났고, '자유의지는 개입되지 않는다'라는 가설이 제기되기도 했다.

이와 비슷하게, 우리는 매일 하루를 살아가며 '스스로' 생각하고 결정한다고 믿고 살아간다. 하지만 과학적으로 우리 의식의 근원이 어디에서 비롯되는지 우리는 잘 알지 못한다는 걸 깨달을 때가 있다. 한 예로, 철학적으로도 많이 이야기는 '통 속의 뇌' 가설이 있을 것이다. SF 영화에서도 어렵지 않게 보았을 이 가설은 사실은 우리가 존재한다고 생각하는 우리의 신체도 없고, 이 세상도 실재하지 않는다고 말한다. 대신 우리는 통 안에 들어 있는 뇌이고, 무엇인가가 외부에서 전기 자극을 주거나 하는 것에 따라서 반응을 하고, 그것이 실제라고 생각한다는 것이다.

감정은 정말 나의 것일까?

사회가 발전함에 따라 우리가 단순히 잘 먹고 잘 사는 것을 넘어서 무형적인 가치에 대해 깊이 사유하게 되면서 우리가 생각하고 결정하는 것이, 과학적으로 어떤 작용에 의한 것인지를 알고자 하는 욕구가 커졌다. 이에 발맞추어 지금도 관련된 많은 연구가 진행되고 있다. 그리고 그 연구들은 대부분 '뇌'에 초점이 맞춰져 있다.

뇌는 우리 몸에서 고작 1.4~1.6kg 정도만을 차지하는 작은 기관임에도 무척 많은 일들을 하고 있고, 모든 기능들의 연관성이 속속들이 밝혀지지는 않은 실로 우리 몸속의 '우주'라고 말할 수 있을 정도로 장엄한 기관이다.

현재 밝혀진 뇌의 기능에 따라, 과학자들은 다소 감성적으로 뇌의 영역을 3개로 나누고, 이름을 붙여주었다. 각각 인간의 뇌, 포유류의 뇌, 파충류의 뇌이다. 직관적으로 느껴지듯이 '인간의 뇌' 영역은 가장 고등한 일을 수행하는 부위를 묶어서 이름 붙여졌다. 이 영역은 주로 대뇌 피질 부위에 해당하고 논리적인 것이나 선과 악을 주로 분별하는 기능을 한다. 대뇌 피질은 순우리말로는 '대뇌 겉질'이라고 한다. 즉 이 인간의 뇌는 뇌 전체 영역에서 가장 바깥쪽에 해당한다. 조금 더 안쪽으로 들어가면 다음 영역인 '포유류의 뇌' 영역이 나온다. 포유류의 뇌 영역은 인간의 뇌 영역만큼 고등한 무언가를 하지는 않지만, 감정, 기억, 동기부여와 같은 그래도 꽤나 어려운 일들을 수행한다. 마지막으로 가장 안쪽에 본능적인 모든 것들을 담당하는 영역들이 많이 포진되어 있는, '파충류의 뇌' 영역이 존재한다. 본능적이라는 말 그대로 생명과 직결된 호흡, 심박수, 혈압, 균형 조절 같은 꼭 필요한 일들을 담당하게 된다.

정리해 보자면, 이렇게 복잡다단한 뇌의 영역 중, 특히 '포유류의 뇌' 영역에서 어떤 일을 할 의지나 감정을 느끼는 것을 관장하게 된다. 이 포유류의 뇌 영역에는 '편도체'라는 부위가 있다. 이 편도체는 '감정의 관문'이라고 불린다. 이곳에서는 다양한 감정을 느낄 수 있도록 신경망이 고리처럼 연결되어 있고, 여러 호르몬들이 작용하게 된다. 세로토닌, 아드레날린, 도파민, 코르티솔 같은 호르몬들이 작용하며 각각 흥분되거나, 기쁘거나, 슬프거나, 화가 나는 등 다양한 감정을 느끼게 하는 것이다.

그리고 보다 복잡한 감정에 해당하는, 정체성이나 어떠한 경험이 감정으로 느껴지는 것, 그리고 자기인식, 행동계획, 불필요한 행동 억제, 문제 해결전략 수립, 의사결정과 같은 일들은 '인간의 뇌' 영역에 속하는 전전두피질에서 담당을 하게 된다.

전전두피질은 뇌의 양쪽 영역에 모두 걸쳐 있는데 오른쪽과 왼쪽이 거의 지킬 앤드 하이드급으로 상반된 기능을 하게 된다. 먼저 오른쪽 반구는 부정적 감정과 관련이 있다. 불행과 불안, 분노, 우울과 관련이 있다. 그래서 오른쪽 반구가 너무 극단적으로 활성이 되면 우울증과 불안장애를 겪게 되기도 한다. 정반대로, 왼쪽 반구는 행복과 기쁨, 열정을 담당한다. 신비롭게도 우리가 어떤 감정을 느끼느냐에 따라 뇌의 여러 부

동아시아
과학 책 지도

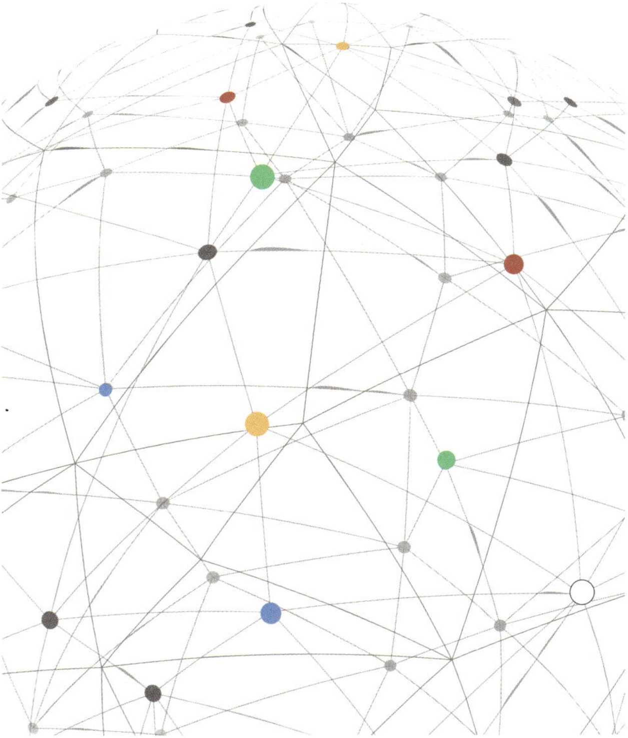

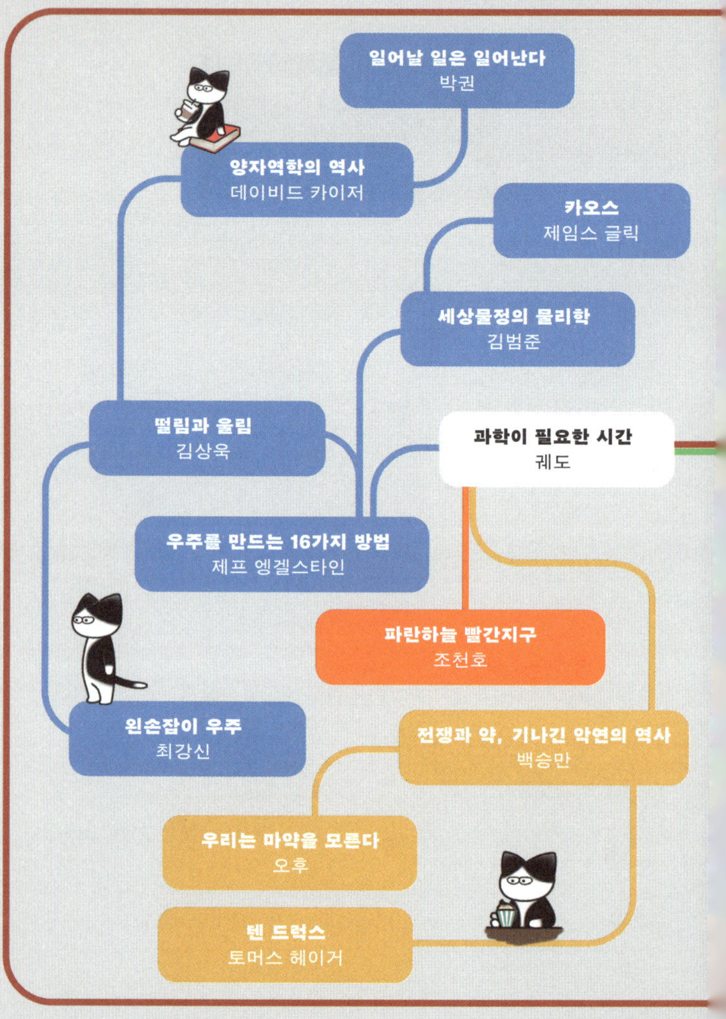
일어날 일은 일어난다
박권
양자역학의 역사
데이비드 카이저
카오스
제임스 글릭
세상물정의 물리학
김범준
떨림과 울림
김상욱
과학이 필요한 시간
궤도
우주를 만드는 16가지 방법
제프 엥겔스타인
파란하늘 빨간지구
조천호
왼손잡이 우주
최강신
전쟁과 약, 기나긴 악연의 역사
백승만
우리는 마약을 모른다
오후
텐 드럭스
토머스 헤이거

- ○ **과학이 필요한 시간**: 유튜브 채널 〈안될과학〉의 과학 커뮤니케이터가 인공지능·딥러닝·양자컴퓨터 같은 최신 기술부터, 상대성이론·양자역학 같은 핵심 이론, 꿈·기억·노화·죽음 같은 인생의 문제까지 과학으로 가장 쉽고 정확하고 빠르게 설명한다.
- ● **우주를 만드는 16가지 방법**: 핵융합, 원자 구조, 양자역학, 진화, 유전, 열역학 등 16가지 핵심 과학 개념을 엄선해 설탕과 소금, 우유와 쿠키, 버터와 달걀, 쿠키와 빵을 만들고 조리하는 과정에 빗대어 풀이해 준다.
- ● **떨림과 울림**: 〈알쓸별잡〉 김상욱 교수가 빛, 시공간, 원자부터 최소작용의 원리, 카오스, 양자역학까지 물리에서 다루는 핵심 개념들을 차분히 소개하면서 '물리'라는 새로운 언어를 통해 우리 존재와 삶, 타인과 세계를 과학의 시선으로 바라보게 돕는다.
- ● **세상물정의 물리학**: SNS, 주식 투자, 소비 트렌드, 인구 이동 등 흔히 마주하는 일상의 문제를 통계물리학의 렌즈로 들여다보며 복잡해 보이기만 하는 사람, 관계, 사회의 원리를 명쾌하게 정리한다.
- ● **왼손잡이 우주**: 외계인에게 '왼손'을 설명할 수 있을까? 겉보기와 달리 심오한 이 질문에 답하는 과정에서 전기와 자기, 표준 모형의 근간을 이루는 대칭과 현대 물리학을 만난다.
- ● **양자역학의 역사**: MIT 물리학자인 저자가 맨해튼 프로젝트, 냉전, 대형 강입자 충돌기의 설립과 가동 같은 역사적 사건들을 아인슈타인, 디랙, 파인먼, 휠러, 겔만, 힉스 등 여러 인물의 일화들과 한데 엮어 양자역학과 그 역사를 입체적으로 그려낸다.
- ● **카오스**: 카오스 이론과 복잡계 과학의 탄생과 발전을 담은 교양서로서, 단순한 규칙으로부터 어떻게 예측 불가능한 복잡한 패턴과 질서가 나타날 수 있는지를 기하학, 기상학, 생물학을 통해 생생하게 보여준다.
- ● **일어날 일은 일어난다**: 모든 것은 왜 원자로 이루어져 있을까? 원자를 밀고 당기는 힘은 또 무엇으로 이루어져 있을까? 우주의 운명은 정해져 있을까? 시간이란 도대체 무엇일까? 고등과학원의 이론물리학자가 이 모든 질문에 '양자역학'으로 답한다.
- ● **전쟁과 약, 기나긴 악연의 역사**: 1분 만에 수강 신청이 마감되는 인기 강의 교수이자 약학자가 아편부터, 펜타닐, 메스암페타민, PTSD 치료제까지, 약의 관점에서 역사의 그림자와 일상의 기원에 대해 서술한다.
- ● **우리는 마약을 모른다**: 유쾌하면서도 진지하게 마약을 이야기한다. '마약'으로 분류되어 금기되는 것은 무엇인지, 그럼에도 사람들이 왜 마약을 하는지, 방대한 자료와 촘촘한 분석을 바탕으로 마약과 그것을 둘러싼 사회를 해부한다.
- ● **텐 드럭스**: 인류의 운명을 뒤바꾼 10가지 약을 선정해, 이것들이 어떻게 개발되고 퍼져나가 우리의 일상을 바꾸었는지 흡입력 있는 문체로 그려낸다.

- **생명의 언어들**: 물리, 화학, 지구과학 등으로 갈라진 교과 내용을 '생명'이라는 하나의 흐름으로 엮어낸 과학 교양서. 생명과학자이자 고교 교사인 저자가 교탁에서 다듬은 생활 밀착형 해설을 40편의 이야기로 풀어낸다.
- **식물의 사회생활**: 한곳에 뿌리 내린 식물이 다른 식물, 미생물, 동물, 인간과 맺는 친밀하거나 적대적인 모든 관계에 대한 이야기. 두 식물학자가 식물들이 쌓아 올리는 거대하고도 경이로운 네트워크를 그린다.
- **유전자 지배 사회**: KAIST 교수이자 인간유전체학자인 저자가 《네이처》, 《사이언스》, 《셀》 등 유수 학술지에 실린 연구들을 바탕으로 불평등한 경제, 혐오 정치, 착취 사회, 능력주의 문화를 진화의 관점에서 해부한다.
- **수학이 생명의 언어라면**: 수리생물학의 최전선에서 생명 현상을 탐구하는 KAIST 수리과학과 교수가 생체 리듬, 신약 개발, 수면 패턴에 관한 다양한 문제에 수학이 실제로 어떻게 활용되고 있는지를 친절하게 설명한다.
- **다윈의 미완성 교향곡**: 개미의 협동, 공작의 깃털을 설명하는 진화론이 지능과 언어를 설명할 수 있을까? 더 나아가, 예술과 기술, 과학과 종교도 설명할 수 있을까? 세계적인 진화심리학자가 그렇다고 답한다.
- **보수 본능**: KAIST 교수이자 유전학자인 저자가 사회심리학, 행동경제학, 뇌과학, 유전학, 진화론의 연구들을 종합해 인간의 정치 성향과 행동을 본질부터 파헤친다.
- **생명과학, 신에게 도전하다**: 유전자가위와 합성생물학은 우리 삶을 어떻게 바꿀까? 난치병 치료부터 맞춤아기까지, 엄청난 속도로 질주하는 생명과학의 현주소를 과학, 철학, 윤리 등 다양한 관점에서 조망한다.
- **세상을 만드는 글자, 코딩**: 컴퓨터뿐 아니라 뇌와 유전자, 우주마저 어떻게 컴퓨터과학으로 이해할 수 있는지를 기초적인 컴퓨터 원리를 바탕으로 설명한다. '최초의 컴퓨터 인문 교양서'.
- **인포메이션**: '정보'가 단지 편지에 담긴 메시지나 컴퓨터가 처리하는 데이터가 아니라 개인과 사회, 우주의 본질이라는 점을 정보의 역사와 이론을 들어 치밀하게 설명하는 '정보의 빅히스토리'.
- **앨런 튜링의 이미테이션 게임**: 영화 〈이미테이션 게임〉의 원작. 독일 에니그마 암호를 해독하여 제2차 세계대전을 승리로 이끈 천재 수학자 앨런 튜링의 파란만장한 삶을 생생히 재현한다.
- **뉴럴 링크**: 국내 최초로 뇌-컴퓨터 인터페이스를 연구하기 시작해 저명한 국제 학술지에만 200편 이상의 논문을 발표해 온 저자가 뇌-컴퓨터 인터페이스의 기본 원리부터 최신 현황, 가까운 미래 시나리오들을 제시한다.
- **AGI, 천사인가 악마인가**: AI 전문가이자 뇌과학자가 AGI로 나아가는 기술적 혁명과 이로써 야기될 철학적 충돌을 다각도로 분석하며, 인류가 맞닥뜨릴 새로운 윤리·정치·존재의 문제를 탐구한다. AGI 이후, 우리는 무엇이 되어야 하는가?

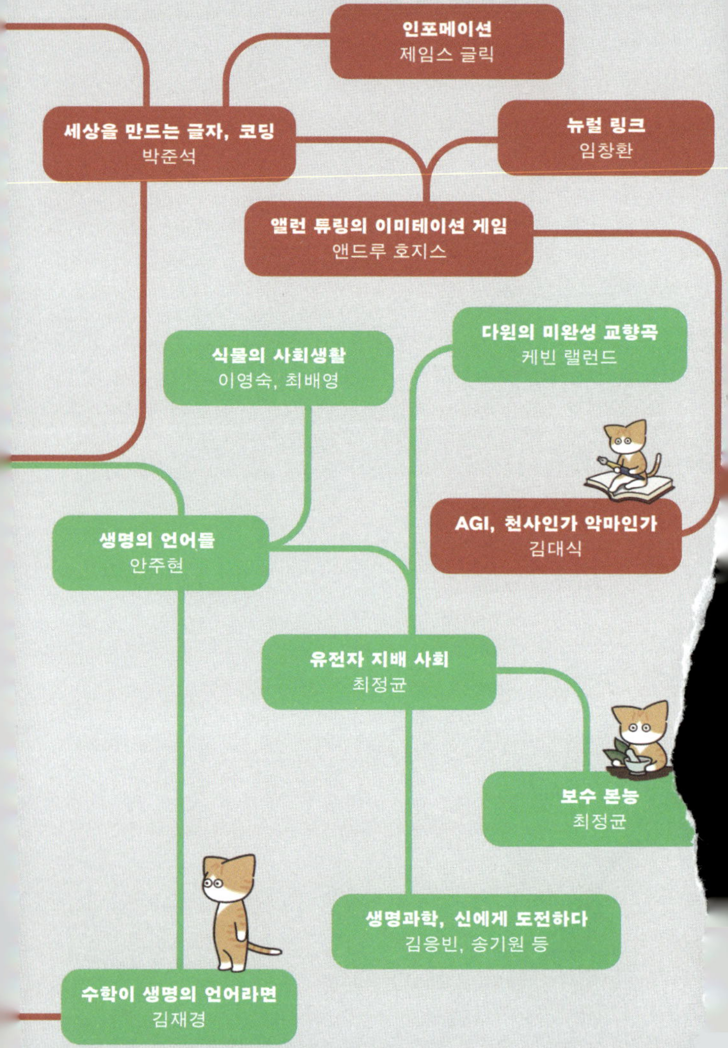

인포메이션
제임스 글릭
세상을 만드는 글자, 코딩
박준석
뉴럴 링크
임창환
앨런 튜링의 이미테이션 게임
앤드루 호지스
다윈의 미완성 교향곡
케빈 랠런드
식물의 사회생활
이영숙, 최배영
AGI, 천사인가 악마인가
김대식
생명의 언어들
안주현
유전자 지배 사회
최정균
보수 본능
최정균
생명과학, 신에게 도전하다
김응빈, 송기원 등
수학이 생명의 언어라면
김재경

위가 구별되어 사용이 되는 것이다.

우리의 자아는 태어나기 전부터 이미 결정되었다?

우리는 살아가면서 많은 일을 겪고, 그것이 심리적으로 우리에게 크고 작게 영향을 준다. 그리고 이와 동시에, 의식적으로는 하나의 개체로서 하나의 삶을 살아가면서 존재 가치와 '사명'에 대해서 고민을 하기도 한다.

무척 유명한 베스트셀러인 『이기적 유전자』에서는 이에 대한 답으로 인간의 존재 이유는 '유전자 보존을 위해 프로그래밍 된 기계' 정도에 불과하다고 이야기한다. 즉 한 개개인의 자아에 주목하기 전에 유전자 단위에서부터 우리는 다음 세대로 이 유전자를 전달해야 한다는 존재가치와 사명이 더 앞선다는 것이다.

우선 흥미로운 이야기 하나로 시작해 보자면 이러하다. 정말 책에서처럼 우리의 존재 이유가 유전자를 후대로 전달하기 위한 '기계'일 뿐이라면, 굳이 분류하자면 남성보다는 여성이 더 많은 유전자를 후대로 전달한다. 정자와 난자의 수정 과정을 생각해 보면 '세포핵'을 구성하는 유전자는 정자와 난자에서 각각 절반씩 받는다. 그러나 세포는 핵 바깥 세포질이라는 영역이 존재하고, 이 영역에는 세포가 잘 살기 위한 여러 가지 세포 소기관들이 존재한다. 여기에도 놀랍게도 유전자가 있다. 바로 '미토콘드리아'라는 세포 소기관에 말이다. 아기가 만들어질 때 이 세포질 영역은 100% 난자에서만 유래한다. 즉 여성은 세포핵을 구성하는 유전자 이외에도 미토콘드리아의 유전자도 후대에 넘겨주게 되는 것이다.

아이러니하게도 출산율이 점점 낮아지고 있는 이 시대에서 우리는 어쩌면 세포질의 유전자까지 더 전달하든, 하지 못하든, 즉 성별에 관계없이 유전자의 본성을 거스르는 중일지도 모른다. 유전자는 우리에게 주어진 사명이 '다음 세대로 유전자를 전달하는 것'이라고 하지만, 우리는 그 뜻을 거스르고 오히려 지금 이 순간을 살아가는 '자신'의 존재가치에 더 많이 관심을 기울이고 있고, 그 이면을 알고자 노력하고 있는 듯하다.

그렇다면 우리가 그토록 알고 싶어 하는 나라는 존재의 '자아'는 과연 언제부터 생겨난 것일까? 실제로 한 개체의 '자아'가 언제, 어떻게 생겨나는지에 대해서는 아직 뚜렷하게 밝혀지지 않았다. 다만 과학자들이 진행한 태아의 뇌 연구에 따르면, 대략 24주경부터 뇌에서 자아를 이루는 데 중요한 요소인 '시상'과 '피질' 간의 연결이 만들어진다고 한다. 즉 24주를 넘어간 시점부터 출산 전 사이에 우리의 의식과 자아가 이미 형성이 된다는 것이다. 비록 말은 하지 못하지만 한 생명으로, 개체로서 기능한다는 것이다.

어린 시절의 일을 또렷하게 기억하는 이들이 있다. 나 역시도 그런 편인데, 충격적이거나 큼직한 일들은 아직도 그 장면이 그림처럼 생생하게 그려진다. 시장에서 어머니 손을 놓쳐 안내방송을 하러 간 일, 유모차에서 내려오다가 넘어져서 이가 깨지던 순간, 혼자서 시내를 돌아다니다 길을 잃어서 담장 밑 개구멍으로 들어갔던 일 등 다소 큼지막한 일들은 생생하게 기억이 난다. 당시에 내가 했던 말이나 생각까지도 기억이 나는 이유는 인간의 뇌는 6세까지 이미 90% 가까이 성장을 하기 때문이다.

그리고 뇌는 계속 자라서 13~14세, 그러니까 초등학교를 졸업할 무렵이 되면 물리적 크기의 성장은 완료하게 된다. 이후에는 오히려 크기는 줄어든다. 대신 이때부터는 뇌에서의 성숙이 이루어진다. 신경세포 사이의 연결인 시냅스가 보다 촘촘하게 연결이 된다. 그리고 감정이나 시각적인 영역을 관장하는 각 부위들이 연결되면서 우리의 인지나 사고, 그리고 자아를 조금 더 견고하게 만들어 나가게 된다. 이런 과정을 겪기 때문에 청소년기는 감정 기복도 심하기도 하고, 또래 집단에서의 시각적인 요소에도 많이 신경 쓰게 되는 것이다. 이러한 뇌의 복잡한 연결과 변화는 10대 후반까지 이어지고, 이 시기를 통해 우리는 궁극적인 '자아'와 그 의미를 찾게 된다.

이때 흥미로운 것은, 이 과정을 거치는 와중인 청소년의 경우에는 정보를 취합하고 자기 자신에 대해 생각하고 관념을 잡아가는 과정에서 '진짜' 자기 자신을 성찰하는 뇌 부위가 활성화다는 것이다. 이와 상반되게, 이미 뇌의 모든 것이 어느 정도 자리를 잡은 성인의 경우, '자기 성찰'을 하려고 할 때 뇌에서는 기존 지식을 활용하는 식의 양상을 보인다고 한다. 대표적인 예시로, 보통 30대 초반을 넘어서게 되면, 새로운 노래를 듣기보다는 예전에 좋아했던 노래들만 계속적으로 듣게 되는 양상을 보이는 걸 생각해 볼 수 있다.

자아 정체성을 강하게 형성하는 10대, 20대는 다양한 자극, 다양한 경험을 하는 것이 모조리 뇌의 시냅스 간 연결을 보다 풍부하게 형성시킨다. 다양한 음악을 듣고, 그때 들었던 음악은 그 당시의 추억, 함께 음악을 들은 누군가와의 에피소드, 심지어는 맛집의 기억까지 담고 있다. 그러나 30대로 접어들게 되면 자극 추구 성향도 약해질뿐더러, 자아정체성도 어느 정도 굳어지게 되면서 오히려 기존에 주어졌던 것에서 안정감을 찾으려는 선택을 선호하게 되는 것이 아닐까 생각한다.

생각해 보면, 청소년기는 질풍노도의 시기라고 불릴 만큼 스스로도 몹시 불안정하다고 느꼈던 시기였다. 나는 사춘기를 심하게 겪지는 않았지만, 그럼에도 이 시기를 회상해 보면 정말 사소한 말 한마디나 하나의 작은 사건도 나에게 많은 영향을 주었던 것 같다. 그리고 당시 읽었던 책이나, 경험, 주변에서 들은 말이 지금 나의 '가치관'을 세워주었다. 어떤 상황에서 어떻게 해야 할지에 대한 일종의 '공략법'이 만들어는데, 성인이 되고 나서 더 큰이 있더라도 그때 세워진 가치관은 잘 변하지 않는 것 같다.

하나만 공개해 보자면, 나는 고등학교 시절 학교에서 '주간학습계획표'를 세우고 그에 따라 살아가라는 말을 잘 실천했다. 하루를 15분 단위로 쪼갠 시간표에 일정을 채워 넣어서 그에 맞추어서 살아가는 것이었다. 그때 내가 가장 중요하게 깨달은 건 좀 아이러니하지만 시간 관리 능력보다 결국 버티면 해낼 수 있다는 것이었다. 나의 사례를 그리고 함께하던 동기들의 사례를 보면서 잘 안되고 어렵던 것도 계획표에 따라 하루에 30분씩, 1시간씩 시간과 노력과 정성을 부어대면 언젠가는, 결국에는, 된다는 사실을 깨달았다. 그리고 그 경험이 돌이켜 보면 어른이 된 후의 나의 모든 순간에도 언제나 버티면 될 것이라는 실낱같은 힘을 주었고, 어느새 나 자신의 '정체성'으로 굳어지게 되었다.

청소년기에 내가 만든 나의 뇌가 어찌 보면 그 이후의 더 긴 여정을 함께하는 중요한 자산이 되는 것이다.

변화하는 세상에서 나를 잘 지키는 법

뇌에서 자아정체성 형성이 완료된 시기에 도달하더라도, 우리는 완벽하지 않다. 사실 살다 보면 참으로 이런저런 일들이 우리에게 찾아온다. '희로애락'이라는 말이 아주 적절하게, 우리는 기쁠 때도 물론 있지만, 슬픔도, 즐거움도, 화가 나는 순간도, 고통스럽고 아픈 순간들도 언제나 함께한다.

아직 긴 삶을 산 것은 아니지만, 이러한 여러 순간들 속에서 나라는 사람의 중심을 얼마나 잘 잡는지가 결국 나라는 사람을 완성시켜 나가는 것이고, 그것이 인생 여정이 아닌가라는 깨달음을 최근 느낀다. 기쁠 때 그 기쁨에 취해버리면 붕 떠 있는 기분으로 현실을 망각해 버리게 된다. 목표를 이루었다고 온 세상이 반짝이는 그 순간이 역설적으로 목표를 상실한 순간이기도 하기에, 겪어본 이들이라면 그 순간이 더없이 위태로울 수도 있음을 알 것이다. 반대로 너무 고통스럽고 어려운 순간에 너무 매몰되어 버리면, 다시는 극복할 수 없을 것이라고 낙담하고 좌절해 버리면서 다시 의욕을 불러일으키는 작은 한 발자국조차 뗄 수 없게 된다.

이런 여러 가지의 삶의 양상에서 내가 믿고 의지하는, 심지어 과학적이기까지 한 문구가 있다. '버티는 자가 강한 자이다'라는 것이다. 결국 우리가 예측하기 어렵고, 대처하기도 어려운 여러 현실의 벽에서 벗어나는 방법은 버티는 것이다. 무너지거나 꺾이지 않고 버티고 극복해 내는 것이다.

이걸 '회복탄력성'이라고 한다. 마치 일반 실이라면 당기면 찢어져 버리고 원래의 형태로 돌아오기 어렵겠지만, 고무줄이라면 늘어났다가도 금세 원래 형태로 복원되듯이, 마음도 그러해야 한다는 것이다. 회복탄력성이 길러져야, 우리의 몸도 모든 삶의 풍파에 대응할 수 있을 대응력을 갖출 수 있다.

미국에서 진행된 한 실험에서, 살인과 폭력 범죄율이 높은 우범지역의 청소년들을 대상으로 뇌의 활동도를 영상으로 볼 수 있는 fMRI 기술을 통해 뇌를 관찰했다고 한다. 이를 통해 연구진들은 아주 흥미로운 결과를 얻었다. 우범지역이기 때문에 전반적으로 청소년들의 건강 상태는 그렇게 좋지 못한 편이었다고 한다. 그러나 특이하게 일부 청소년들은 건강을 유지하고 있었는데 이들의 공통점은 바로 뇌의 중앙 집행기능 네트워크(CEN)가 강하게 연결되어 있었다는 것이다. 이 CEN은 주로 위험상황을 해석하고, 자기 통제력을 확보해서 부정적 상황에서 부정적 감정을 계속 연상하는 것을 억제하게 된다. 이를 통해 스트레스도 효과적으로 해소할 수 있다. 즉 회복탄력성과 아주 밀접하게 연관이 있는 것이다.

흥미로운 사례가 한 가지 더 있다. 우리가 흔히 이야기하는 '트라우마'에 대한 것이다. 트라우마를 불러일으키는 심각한 정신적 충격을 받으면 보통은 그 충격이 평생 영향을 미친다고 한다. 심지어는 트라우마로 인한 정신적 타격으로 성격장애까지도 일어나는 경우가 있다. 그만큼 이 트라우마는 개인에게 있어서 빠져나오기 힘든 깊은 절망과 고통, 좌절을 수반한다. 하지만 이 트라우마를 극복한다면? 그렇다. CEN이 강화되고, 이 과정을 통해 더 높은 감정 공감 능력도 얻게 된다고 한다.

우리에게 형성되어 있는 자아를 잃지 않고, 잘 지키고 오히려 더 단단하게 만들기 위해서는 예기치 못하게 찾아오는 난관을 극복하는 과정에서 오는 성장통이 필연적이다. 이 단계를 조금이나마 덜 아프게 지나가는 과학적인 방법을 몇 가지 소개해 보려 한다.

먼저 걱정을 '잘' 해야 한다. 걱정은 어찌 보면 예측적 사고의 산물이다. 미래에 이렇게 되지 않을까라는 훌륭한 시나리오를 제공하는 셈이다. 그런데 이게 자칫 과해지면 문제 해결보다 머릿속에서 문제를 왜곡하거나 확대시키게 된다. 그래서 걱정을 할 때에는 해결책을 생각하거나, 통제 가능 여부를 진단하는 것이 중요하다. 그리고 걱정 시간과 쉬는 시간을 구분해서 심리적으로 여유를 확보하는 것이 정말 중요하다.

또 한 가지 꿀팁으로는 '혼잣말'이 있다. 나는 어릴 적부터 머리가 너무 복잡하고 어떻게 해결해야 할지 모르겠어서 다 포기해 버리고 싶은 순간일 때면 밖에 나가서 하염없이 걸어 다녔다. 한번은 3시간 반 정도 한강을 걸은 적도 있다. 이렇게 걸으면서 나는 스스로에게 혼잣말을 한다. 이어폰을 끼고 혼잣말을 해서 누군가 본다면 통화를 하는 줄 착각할 수 있도록 말이다.

이렇게 혼잣말을 하면 내면에서 정형화되지 못하고 감정이 활성화되어 있는 요소들이 '말'로 정제된다. 이 과정에서 편도체의 활동이 줄어들고 오히려 대뇌 피질이 활성화되면서 자기조절이 된다. 또한 스스로 문제를 객관화해서 볼 수 있으면서 내가 나를 잃는 대신 실질적으로 문제를 해결하는 데 집중할 수 있게 해 준다. 이런 대화를 통해 나를 변화시키는 혹은 잃어버린 나를 찾는 출발점으로 삼을 수 있는 것이다.

마지막으로, 자아는 혼자서도 찾을 수 있지만 함께 찾을 수도 있다. 이미 여러 삶의 항로를 헤쳐나가 온, '멘토'라고 할 수 있을 많은 이들이 나의 삶의 여정 곳곳에서 등불이 되어주었다. 그 덕분에 다소 헤매더라도 굳건히 하루하루를 채워나가고 있다. 모든 이들의 삶의 여정 속에서도 스스로의 과거와 현재 그리고 미래에서 각자의 최선으로, 뇌와 교감하고 인생의 수많은 멘토와 더불어, 나 자신을 잘 지키며 살아갈 수 있기를 바란다.

PART 3

함께 살아가는 삶의 균형

일잘러가 되는 법

워라밸이라는 말이 있다. 워크 라이프 밸런스Work-Life Balance의 약어로, 일과 삶의 균형을 찾겠다는 것이다. 그러나 살아가다 보면 그것이 얼마나 어려운 일인지 금세 깨닫게 된다. 모두가 워라밸을 부르짖는 이유는, 그것이 그림의 떡처럼 여간해서는 손에 넣기 어려운 것이기 때문이 아닐까 생각한다.

우선 나는 워라밸을 잘 지키지 못하는 편에 가까운 것 같다. 살아가다 보면 자연스레 어느 한쪽으로 치우쳐 버려서 그때마다 다시 스스로를 다그치며 적절한 균형점을 찾아가고자 애를 쓴다. 조금 더 어렸을 때에는 건강을 해칠 정도로 '워크'에 몰입을 했었다. 대학원 시절에는 좋은 연구를 하고 싶었고, 연구를 잘해내기 위해서 시간을 계속 투자했다. 동물 실험을 할 시기에는 아침 8시에 수술방에 들어가서 계속 앉아서 꼬박 수술을 하다가 다음 날 아침 8시에 나와 비척거리며 퇴근을 했다. 그러고는 쪽잠을 자고 다시 오후 1시에 출근해서 저녁까지 동물들의 경과를 모니터링했다. '청춘이었다'고 포장하기에는 다시는 못 할, 젊음으로 톡톡히 값을 치른 실험이었다. 시간만 '때려 부은' 것이 아니었다. 연구 결과를 정리하고 실험스케줄을 빡빡하게 잡아서 새벽녘까지 일하다 실험실이 없는 층으로 올라가 소파에서 쪽잠을 자는 일들도 부지기수였고, 퇴근을 해서 몸은 연구실을 떠났지만 머릿속에서는 여전히 연구 생각을 하고, 밥을 먹다가도 퍼뜩 좋은 아이디어가 떠올라서 메모를 하고 논문을 찾아대던 시절이었다.

그렇게 활활 불태우던 시절이 있기에 얼마나 적절한 휴식이 필요한지도 알게 되었고, 무한정 시간과 열정을 쏟아붓기보다는 적절한 여유와 일을 대하는 최적화된 태도가 오히려 더 좋은 결과를 낳는다는 것 역시 배우게 되었다.

체력은 유한하다. 그리고 우리는 일만 하면서 살지 않는다. 여가 생활을 즐기기도 하고, 가끔은 친한 친구들과 술 한잔 기울이며 밤을 지새우다 다음 날 숙취에 시달리면서도 티를 전혀 내지 않고 회의를 이끌어 나가야 한다. 나는 분명 50만큼의 능력이 있는 것 같은데 상사는 자꾸만 70을 요구하는 듯 느껴질 때도 있다. 할 일은 이미 많은데 계속 쌓여만 가고, 우선순위를 간신히 파악해 두었지만 상황이 변화함에 따라 손바닥 뒤집히듯, 만들어 둔 리스트는 금세 업데이트가 필요해진다. 납기와 내가 할 수 있는 작업량을 저울질해 가면서, 불쑥 들이닥치는 긴급한 일들과 산발적으로 울리는 메신저에 답하면서, 우리는 마치 고성능 컴퓨터가 된 것처럼 엄청난 멀티태스킹 능력을 발휘해야 하는 상황에도 꽤 자주 봉착한다.

이뿐만 아니다. 피곤한 눈을 비비며 출근하자마자 위가 타는 느낌을 견디며 아메리카노를 들이켜고, 메일을 읽고, 정신없이 답변을 하다 보면 야속하게도 배가 고파온다. 점심시간이 찾아오는 것이다. 점심시간에 밥을 먹고 오면 오전에 파악해 두었던 업무의 흐름을 다시 잡기 위한 노력이 필요하다. 그리고 여지없이 그 흐름을 파악하는 난이도를 급격히 올려버리는, 식곤증이 우리를 강타한다.

일을 해내는 것만으로도 이토록 난관이 많은데, 일을 '잘' 하기까지 노력하는 것은 정말이지 보통 마음가짐으로는 쉽지 않다. 협업과 회의, 그리고 증발하는 혹은 아예 존재한 적이 없었던 것은 아닌지 의심이 되는 집중력까지 일을 할 때의 퀘스트들은 셀 수 없이 많다. 매일 열정을 다해 고군분투하는 이 시대의 모든 직장인들을 위해, 이 장을 준비했다.

'할할놀놀', 잘 쉬어야 일도 잘한다

살아가는 데 있어서 내가 중요하게 새기고 있는 여러 가지 말 중에, '할할놀놀'이 있다. 할 때 하고, 놀 때 놀아야 한다는 것이다. 일을 하는 시간에 다른 일에 시간을 뺏기고, 놀아야 하는데 괜히 일도 붙잡고 있는 건 언뜻 보기에는 일을 더 많이 하는 것처럼 보이지만 실제로는 이도 저도 아닌 빈약한 생산성을 초래할 때가 많다. 스트레스 해소도 되지 않는 건 덤이다.

특히 코로나 바이러스가 창궐하면서 재택근무가 반드시 필요해졌다. 이에 따라 줌Zoom을 비롯하여 온라인으로 회의를 할 수 있는 시스템들이 구축되어 활발히 활용되기 시작했고, 회사뿐 아니라 집에서도, 아니 어디에서라도 업무를 볼 수 있는 환경이 완벽히 세팅되었다. 이제 우리는 해외 어느 곳에 있는 사람들과도 실시간으로 끊김 없이 연락할 수 있다. 시공간의 제약이 완벽히 극복된 것이다. 그런데 역설적으로 이런 기술의 발달로 어디에서라도 업무를 할 수 있게 되면서, 우리는 '언제나' 일을 할 수 있게 되었다. 해외에 여행을 가더라도 급한 업무 연락은 언제든 받을 수 있고, 회의에도 참석할 수 있다.

그러나 이렇게 쉴 때 제대로 쉬지 못하고, 너무 바쁜 일들까지 연속적으로 찾아오면 우리는 '일에 말리게 된다'. 무슨 뜻이냐 하면, 더 이상 새로운 아이디어가 아무리 쥐어짜도 나오지 않는 난관에 봉착하게 되는 것이다. 이런 경험은 아마 모두에게 한 번쯤은 있었을 것이다. 그리고 역시나 이런 단계로 이미 넘어갔다면 뭘 해도 일이 안 되는 상황이라는 것을 빠르게 인정하는 것이 가장 좋은 해결책임을 이미 본능적으로 알고 있을지도 모른다.

그렇다. 이럴 때는 그냥 자리를 박차고, 환기를 하는 것이 좋다. 찬 바람을 맞으며 밖에서 산책을 해도 좋고, 재택 근무라면 가벼운 스트레칭이나 샤워를 하고 오는 것도 방법이 될 수 있다. 이런 환기의 순간을 뇌는 '자극적이지 않은 상황이 찾아왔다'고 인식한다. 그래서 뇌의 다양한 연결 신호를 통해 창의력을 발휘할 수 있는 여력이 발생한다. 실제로 몇몇 가수들의 인터뷰를 보다 보면, 명곡으로 알려진 여러 곡들은 찬 바람을 맞으며 달리다가 갑자기 영감이 떠올라서, 혹은 샤워를 하다가 떠올라서 등의 에피소드가 있기도 하다.

나도 실은 비슷한 방법을 차용해서 업무에 활용한다. 나는 매 강연을 그 행사의 성격에 맞추어서 새롭게 준비를 하는데, 이때 강연은 주어진 시간 동안 기승전결을 짜임새와 완결성 있게 전달하는 스토리가 있어야 한다. 당연히 컴퓨터 앞에서 이런저런 자료를 찾고, 구상을 하는 것이 좋겠다고 생각할 수 있겠으나 나는 언제나 전체적인 스토리라인이나 기승전결은 산책을 하거나 샤워를 하면서 미리 짜둔다. 환기의 시간이 가장 창의적이고, 잡념에서 벗어나는 시간임을, 한번 시도해 본다면 바로 깨닫게 될 것이다.

회의에서 살아남는 법

아이디어를 짜내는 일들 외에도, 직장인들은 참으로 많은 일들을 수행하며 하루를 보낸다. 그중 피할 수 있다면 피하고 싶은 것이 회의가 아닐까 생각한다.

실제로 통계에 따르면 직장인 기준 하루 평균 회의 횟수는 1.4회이고, 각 회의는 30분에서 1시간 정도 진행이 된다고 한다. 산술적으로 계산을 해보면 한 달 기준(4주), 5일 모두 출근한다고 하면, 대략 30시간 정도를 우리는 매달 회의를 하는 데 사용한다. 이렇게 계산을 통해 숫자로 마주하면 우리가 업무에서 생각보다 훨씬 더 많은 시간을 회의에 사용한다는 것을 알 수 있다.

게다가 회의는 자주 있고, 업무를 공유하는 중요한 자리이기도 하기에 그 안에서 조금이나마 더 집중하고 높은 효율성을 내는 것이 필수적이다. 그걸 가능하게 해 주는 과학적인 방법이 있다.

먼저, 회의 시간은 '매주 금요일 오전 10시' 이런 식으로 고정을 해두는 것이 좋다. 우리 뇌에서는 예측하지 못했던 일에 대해서 스트레스 환경에 놓였다고 생각하기 때문이다. 스트레스 상황에 놓이게 되면 뇌의 다양한 부위에서는 곧장 비상 신호를 울린다. 특히 스트레스 호르몬이라는 별명까지 가지고 있는 '코르티솔'이 주도적인 역할을 하게 된다. 부신 겉질에서 나오는 이 호르몬은 우선 스트레스를 받은 직후에는 평소보다 더 많은 양의 포도당을 뇌로 보내서 스트레스에 대응하게끔 만든다. 포도당은 자동차의 '기름'에 해당한다. 즉 코르티솔은 뇌에게 더 많은 기름을, 에너지 원료를 주는 일을 하는 것이다. 그리고 동시에 염증을 줄이면서 신체가 최대한 빠르게 정상궤도로 재진입할 수 있도록 애를 쓰게 된다. 갑자기 잡힌 회의로 일정이 꼬일 때면 자연스럽게 탕비실에 있는 과자로 손이 가던 경험이 있을 것이다. 그렇다. 코르티솔이 뇌로 포도당을 보내야 하기 때문에 식욕을 돋게 만들었고, 그 결과 우리가 과자 생각을 하게 되는 것이다.

한두 번 정도는 과자를 먹어서 포도당을 보충하는 것으로 적절하게 스트레스에 대응할 수 있을지도 모른다. 그러나 이 코르티솔이 만성적으로 분비되면 문제가 발생한다. '돌발회의'가 그야말로 돌발적으로 항상 있거나, 예측하지 못한 업무들이 갑작스레 끼어드는 일들이 만성화되면 코르티솔 역시 만성화된 분비 양상을 보인다. 이렇게 되면 뇌의 편도체나 해마까지도 영향을 미치게 되면서 우울증이 찾아오기도 하고, 근육이 손실되거나, 기억력이 저하되는 악영향까지 초래할 수 있다.

사실 나는 이렇게 불쑥 찾아오는 일정이 무척 만성화되다 보니, 이 코르티솔의 분비가 낳은 기억력 저하의 치명타를 입은 산 증인이기도 하다. 적어도 회의의 규칙성을 보장하는 것은 코르티솔에 의한 기억력 저하를 조금이나마 막을 수 있을 것이다.

조금 더 적어보자면, 회의 시간을 고정할 때 피해야 좋을 시간대도 있다. 경험적으로 많은 직장인 분들이 '오후 2, 3시'를 외쳤을 것이다. 그렇다. 이때는 밥을 먹은 직후의 시간인데, 이 시기에 작용하는 호르몬들의 영향에 의해 회의에 집중하는 것이 무척이나 어렵다.

다양한 호르몬 중 '오렉신'은 우리가 유행처럼 말하고 다니는 '혈당 스파이크'와 아주 밀접한 연관성을 가진다. 먼저 밥을 먹게 되면, 혈당이 높아진다. 혈당이 높아지면 몸에서는 혈당을 낮추기 위해 인슐린이 분비된다. 그리고 인슐린의 농도가 높아지면 체내 '오렉신'이라는 호르몬의 분비가 줄어든다. 이 오렉신은 식욕 증진과 각성상태 유지에 도움을 주는 호르몬이다. 그런데 밥을 먹게 됨에 따라 오렉신의 분비가 줄어들면, 각성도 줄어들면서 '졸리다'는 기분을 느끼게 되는 것이다.

또한 식사를 통해 탄수화물을 섭취하게 되면 뇌는 트립토판을 더 잘 흡수하게 되는데, 트립토판은 세로토닌을 거쳐 멜라토닌으로 전환될 수 있다. 수면에 필수적이라고 잘 알려진 그 멜라토닌이 맞다. 그래서 이 오렉신과 멜라토닌의 환상적인 하모니로 밥을 먹고 나면 회의 시간에 도무지 고개를 꼿꼿이 들고 있기 어려워지는 것이다.

그나마 식사를 하면서도 졸음을 방지할 수 있는 몇 가지 방법이 있다. 먼저 탄수화물이나 당이 높은 음식을 최대한 자제하고 채소류를 많이 먹는 것이다. 혈당을 많이 올리지 않을수록 오렉신 분비가 줄어드는 것을, 즉 졸음이 몰려오는 것을 막을 수 있다. 두 번째로는 트립토판을 이용하는 방법이다. 트립토판은 필수 아미노산의 하나이지만, 몸에서 스스로 합성할 수가 없어서 음식으로 섭취해 주어야 한다. 그래서 트립토판 자체를 적게 섭취하는 것도 방법일 수 있다. 고기, 콩, 달걀 같은 단백질이 많은 음식 안에 트립토판이 많이 함유되어 있기 때문에 너무 과한 고단백 음식도 피하는 것이 좋다.

슬기로운 회의를 위한 과학적인 방법은 이 외에도 있다. 앞선 방법이 '시간'에 대한 우리의 노력을 이야기했다면, 이번에는 '공간'에 대한 방법을 생각할 수 있다. 정답을 먼저 말해보자면, 문이 꽁꽁 닫혀 있는 좁고 폐쇄된 환기가 되지 않는 회의실 환경을 개선하는 것이 필요하다. 이런 공간에서 많은 이들이 밀집해서 장기간 있게 되면 산소가 점점 부족해지고, 반대로 공간 내에 이산화탄소는 축적된다. 이렇게 되면 뇌가 작용하는 데 필요한 충분한 산소 농도가 충족되지 못하게 된다. 당연히 집중력이 떨어지고, 판단력도 흐려지며 졸림을 느끼게 되는 것이다.

시간과 공간, 그리고 그 안에서 일어나는 스트레스에 의한 대처를 통해서 회의를 과학적으로 잘 마쳤다고 하더라도 사실 직장 생활에서는 여전히 여러 문제들이 산재해 있다. 특히 물밀듯이 밀려오는 여러 가지 일들은 테트리스 쌓듯이 쌓는 것에도 한계가 있기에 필연적으로 멀티태스킹이 필요한 순간들이 우리에게 찾아온다.

멀티태스킹, 자신 있으신가요?

회사는 정말이지, 멀티태스킹의 귀재가 아니라면 살아남

기 어려운 곳이다. 출근하자마자 메신저 창을 켜면 읽지 않은 메시지와 메일들이 가득하다. 우선순위에 따라 하나씩 답변을 해나가고 있자면 회의 시간이 찾아온다. 회의를 마치고 돌아와도 그리 녹록지 않다. 새로운 업무는 그새 쌓여 있고, 보고서 납기를 맞추고 발표 자료를 만들고 밥까지 먹어야 한다. 탕비실에 간식을 채워 넣거나, 커피를 사 오거나 하는 일들도 업무는 아니지만 묘하게 멀티태스킹의 영역으로 들어간다고 느껴진다. 실제로 직장인들은 업무 중 평균 11분마다 방해를 받으며, 한번 깨진 몰입을 회복하는 데 약 25분이 걸린다고 한다.

고백하자면 나는 멀티태스킹의 'ㅁ'자도 할 엄두도 내지 못하는, '모노태스커'의 전형이다. 얼마 전 어떤 분과 밥을 먹고 있는데, 그분이 무척 놀라워하시면서 이런 말씀을 하셨다. "말을 하고 있으면 식사를 아예 못 하네요?" 이 한마디는 나의 처참한 멀티태스킹 능력을 잘 보여준다.

이렇게 이야기하자면 거의 대부분은 '내가 울림보다는 낫네'라고 생각할 수도 있다. 그러나 과학적으로 인정된 멀티태스킹이 가능한 '슈퍼태스커'는 인구의 약 2.5% 정도에 불과하다고 한다. 100명 중 2, 3명 정도만이 진정한 멀티태스킹 능력을 가지고 있다는 것이다.

우선 나 같은 모노태스커들은 짧은 시간 동안 하나의 일을 처리하고, 다음 순간에 다른 일을 처리한다. 그리고 슈퍼태스커가 아닌 이들이 하는 멀티태스킹은 알고 보면 진정한 의미의 멀티태스킹이라기보다는 크게 '스위치 태스킹'과 '백그라운드 태스킹'일 경우가 많다. 먼저 스위치 태스킹은 나처럼 일을 처리하지만 대신 그 전환이 더욱 빠른 것이다. 두 가지 일을 번갈아 가며 처리를 한다고 생각할 수 있다. 백그라운드 태스킹은 무의식적이거나, 익숙하고 반복적인 일을 하면서 다른 일을 진행하는 것이다. 대표적인 것이 노래를 들으면서 과제를 하는 것이 아닐까, 생각한다.

즉 정확하게 말하자면 멀티태스킹은 여러 업무를 동시에 한다기보다는 '여러 업무를 빠르게 전환한다'에 가깝다. 일반적으로는 사람의 뇌는 한 번에 많아야 두 가지 작업을 동시에 할 수 있다고 한다. 두 가지 일을 할 때는 좌뇌와 우뇌가 각각 움직이면서 처리를 한다. 그러나 세 가지 이상의 작업을 동시에 수행하면 기억력과 집중력이 저하된다고 한다. 심지어 이렇게 저하된 집중력은 멀티태스킹이 끝나도 다시 향상되지는 않는다고 한다.

또한 과하게 멀티태스킹을 반복하다 보면 정보를 찾는 방향성에서도 변화가 생겨난다. 오래되고 기존에 가지고 있던 정보를 불러오는 것보다는, 즉각적이고 새로운 정보를 찾는 것에 좀 더 초점을 맞추게 된다고 한다. 그렇다 보니 이러한 멀티태스킹을 자주하는 이들은 오래된 정보보다는 새로운 정보에 더 빠르게 주의를 집중하는 경향이 있다고 한다. 그리고 공감하거나 감정조절을 하는 것이 어려워지는 경향도 있다고 한다. 게다가 일단 이 멀티태스킹 과정으로 스트레스 지수도 높아진다고 한다.

그렇다면 100명 중 단 2, 3명뿐인 진정한 멀티태스커, '슈퍼태스커'들은 뭐가 다를까? 2010년의 연구에 따르면, 뇌의 작용을 영상처럼 볼 수 있는 fMRI 기술을 통해 이들의 뇌를 관찰했을 때, 슈퍼태스커들은 운전을 하면서 통화 속 특정 단어를 기억하는 과제나, 수학 문제를 푸는 과제를 했을 때에도 과제 수행 능력에 차이를 보이지 않았고, 오히려 기억력도 3%나 증가했다고 한다.

특이한 것은, 슈퍼태스커라고 해서 fMRI상에서 다른 이들과의 뚜렷한 차이점은 없었다는 것이다. 이들은 결과적으로 일 자체를 효율적으로 잘하는 능력을 갖추었다고도 생각할 수 있다. 뇌에서 가용할 수 있는 에너지는 한정되어 있다. 그렇기에 에너지를 적게 들이고도 일을 할 수 있도록 효율을 높일 때 다른 일도 함께 할 수 있을 '여력'이 생기는 것이다.

우리 대부분이 근본적으로 멀티태스킹을 할 수 없다면,

밀물처럼 밀려드는 업무들 사이에서 최대 효율을 내기 위한 방법은 다른 곳에서 찾을 수밖에 없다. 그 방법은 무엇일까? 답은 '멀티태스킹의 정반대', '몰입'에 있다.

집중과 몰입으로 업무 해내기

사실 급할수록 돌아가라는 말처럼, 가장 일을 잘하는 방식은 일에만 딱 집중해서 몰입하며 빠르게 해결하는 것이다. 이 몰입을 위해서도 멀티태스킹은 실은 피하는 것이 좋다. 즉 동시에 이 일을 했다가 저 일을 하기보다는, 할 일들의 우선순위와 분량을 정해두고 일을 토막내서, 주어진 시간 동안 작은 일의 조각을 몰입해서 끝내고, 다음 일로 전환하는 것이 좋다는 것이다.

한번 몰입이 깨지면 다시 몰입의 단계로 진입하는 데만 대략 25분가량이 걸린다고 한다. 심지어 이 몰입이 깨지는 순간이 찾아올 때마다 뇌에서는 큰 스트레스를 받게 된다고 한다. 이러한 스트레스는 뇌의 영구적인 손상을 가져오는데, 실제로 멀티태스킹을 많이 하는 이들은 뇌의 전대상 피질 밀도가 낮다고 한다. 이 부위는 감정과 공감능력에 관여한다. 즉 멀티태스킹을 많이 할수록 이 능력이 감퇴한다고도 생각할 수 있을 것이다.

그렇다면, 과연 어떻게 해야 진정한 몰입을 할 수 있을까? 이미 답은 곳곳에 숨겨져 있다. 먼저 업무에 있어서 산발적인 요소들, 그리고 갑작스러운 메신저 같은 연락들이 있을 것이다. 진정한 몰입을 위해서는 그 순간만큼은 이러한 '알림'에서 벗어나는 것이 필요하다. 몰입이 깨지는 순간을 최대한 피하는 것이 역설적으로 진정한 몰입을 할 수 있는 방법인 것이다.

그리고 시간을 정할 수 있다면 오전에 일을 하는 것이 더 몰입에 도움이 된다. 즉 몰입이 필요한 일을 오전으로 배치하는 것이 도움이 될 수 있다. 공복 상태에서는 '그렐린' 호르몬이 몸에서 활성화가 된다. 이 호르몬은 배고픔을 유발하고, 기억력을 향상시킨다. 특히 기존의 기억이나 경험과 새로운 자극과의 연결을 해주는 정도가 30% 이상 활발해진다고 한다.

일상을 잘 살아가기 위해서, 우리는 일을 한다. 어떤 일이든, '노동'의 가치는 숭고하고, 알게 모르게 삶을 구성해 나가는 큰 원동력이 된다. 일하는 순간에서의 나의 성취는 나의 자존감을 구성하는 요소로 작용하기도 한다. 우리의 모든 업무의 순간들에서 과학이 우리를 '일잘러'의 길로 이끌어줄 수 있기를 바란다.

과학적으로 사랑하며 살아가는 법

바야흐로 연애 프로그램이 넘쳐나는 세상이다. 한두 개 나왔을 때는 주변에서 거의 생중계를 해주어서 내용도 알고 출연진들 이름도 알았던 것 같다. 친구들 중 아마도 우리나라에서 방영되는 모든 연애 프로그램을 다 보는 것같이 느껴지는 친구가 있는데, 그 친구는 각 프로그램 속 연인들의 서사를 따라가며 함께 울고 웃는 게 그렇게 좋다고 했다. 그런데 연애 프로그램, 일명 '연프'라 불리는 프로그램들이 그토록 다양한 콘셉트로 채널을 막론하고 쏟아져 나오는 이 세상에서, 무척이나 역설적으로 실제 2030세대는 이전 세대와 비교해 연애를 잘 하지 않는다고 한다. 일단 내 주변의 예시만 생각해 보더라도 크게 두 부류로 나뉘는 듯하다. 아예 장기 연애를 오래

해서 결혼을 했거나 결혼을 앞두고 있는 커플들, 그리고 연애를 하다가 이제는 굳이 애써 하지 않는 솔로들로 말이다. 그런데 이는 내 주변만의 이야기가 아니다. 실제로 통계를 보더라도, 한 데이터 컨설팅 업체의 2023년 기준 미혼 남녀를 대상으로 한 어느 조사에 따르면 20대는 61.1%, 30대는 72.6%가 연애를 하지 않고 있다고 한다.

실제로 연애를 하지 않고, 연애를 바라보는 것만으로도 만족하는 이들이 늘어난 듯한 이런 현상에는 여러 이유가 있겠지만 과학적으로는 '도파민'을 큰 이유 중 하나로 꼽을 수 있을 듯하다. 연애 과정은 과학적으로 '도파민'이 분출되기에 아주 좋다. 함께 하며 추억을 만들어 나가는 과정 속에서 추억과 함께 도파민도 쌓이게 되는 것이다. 그러나 요즘 세상에서 사실 도파민은 굳이 연애를 하며 서로를 맞춰나가는 과정 없이도 아주 손쉽게 얻을 수 있다. 쇼츠나 릴스와 같은 자극적인 콘텐츠를 보면서도 도파민을 쉽게 충족할 수 있기 때문이다. 즉 이미 우리는 충분히 손쉽게, 언제 어디서든 도파민을 충족할 수 있는 다양한 수단이 생겨났기 때문에 굳이 연애만이 도파민을 충족해 주는 창구가 아니게 되었다. 심지어 도파민을 얻는다는 보상 측면만 생각해본다면, 연애는 많은 시간과 에너지를 투자해야 하면서도 확실한 도파민 보상을 예측하기도 어렵고 언제 깨질지도 종잡기 어렵다. 즉 어찌 보면 쇼츠나 릴스로 얻는 도파민과 비교했을 때 '가성비'가 좋지 않은 것이다.

사실 이 외에도 연애를 꺼리게 된 데는 다른 이유들도 있을 것이다. 경제적인 요소도 있을 것이고, 사회적인 인식 또한 반드시 결혼을 해야 하고, 아이를 낳아야 한다는 것에서 원하면 결혼하고, 아이도 원하면 낳는 것이라고 바뀌었으니 말이다. 이유는 어떠하든 우리는 직접 연애를 하기보다는 연애를 바라보는 것을 선택하는 추세이기는 하다. 그러나 이건 역설적으로 우리는 여전히 사랑이라는 본질 자체에 대해서는 아름답고 숭고하다고 생각하며, 깊이 공감하고 호기심도 가득하다는 것을 의미하는 것이 아닐까.

사랑이야말로, 도파민을 넘어 수많은 호르몬들이 오케스트라처럼 장엄한 합주곡을 뇌와 온몸에 연주하는 찬란한 축제의 여정이기 때문이다.

"내 거인 듯 내 거 아닌 내 거 같은 너", 썸

로맨스 영화를 보면, 갑자기 주인공 남녀가 우연히 마주치고, 이내 바로 사랑에 빠져서 연인이 된다. 하지만 현실은 이보다는 조금 더 복잡할 때가 많은 듯하다. 정석적인 사랑의 단계는 무엇일까? 다소 교과서 같지만 짚어보자면 먼저 호감을 서로 느낄 것이다. 그리고 알고 보니 연인이 있는 건 아닌지, 나에게 관심이 있을지 확인해 보는 일종의 썸의 단계를 거칠 것이다. 이후에는 고백을 하고 연애가 시작될 것이다. 연애 초기의 맞춰나가면서 느끼는 설렘과 콩깍지의 순간을 지나, 오래될수록 편하지만 그만큼 더욱 안정적인 관계로 변화해 나갈 것이다. 그러다 서로에게 더욱 확신이 든다면 마침내 가정을 이루게 될 것이다.

이러한 각 과정에서는 놀랍게도 호르몬들이 마치 오케스트라가 협주곡을 연주할 때 적재적소에 필요한 악기들이 치고 빠지는 것처럼 작용한다. 이 중 가장 첫 단계인, 누군가에게 첫눈에 반했을 때 대표적으로 분비되는 호르몬 중 하나가 바로 '도파민'이다.

통계적으로 사랑에 빠지는 시간은 짧게는 몇 초에서 몇 분 내의 무척 짧은 시간이라고 한다. 만약 이 짧은 찰나에 누군가에게 반하게 되면, 심지어 당사자도 본인의 마음을 알아채기 전 그 옆에 앉아 있는 친구들이 먼저, 바로 눈치를 챈다. 사랑에 빠진 것이 눈에 보이는 것이다. 사랑에 빠지게 되면, 뇌에서는 미상핵이라는 부위가 활성화되면서 도파민이 분비되고 우리의 표정부터 생기가 돌 수 있도록 만들어 준다.

이렇게 누군가에게 사랑을 느끼면, 우리는 실제로 사랑을 성취하기 위해 많은 노력을 하게 된다. 사랑의 성취를 노력하는 이 시기에는 아이러니하게도 '행복 호르몬'이라는 별명을 가진 세로토닌이 줄어든다. 조금은 불행해지고, 불안해지며 강박이 커지게 된다. 한술 더 떠서 '스트레스 호르몬'인 코르티솔의 분비도 증가한다. 의아해 보이지만, 이는 썸에서 연애로 넘어가기까지 꼭 필요한 생리적 반응이다.

호감을 갖게 되는 단계에서는 이래저래 알아보아야 할 것들이 많다. 관심을 가진 상대가 나에게 어느 정도 관심이 있을지, 무엇을 좋아하는지, 고백하면 어느 정도 승산이 있을지도 알아보아야 하고, 혹시 알고 보니 연인이 있던 건 아닐지도 확인해야 한다. 이때는 여유 있고 행복하고 모든 걸 포용하는 자세보다는 조금 강박적으로 스트레스까지 받아가면서 상대를 파악하고 연애 가능성을 체크해 보아야 하기 때문에 오히려 덜 행복하고 예민해지도록 호르몬이 도와주는 것이다.

'썸붕'이라는 말이 있다. "썸이 붕괴된다"라는 말의 약어이다. 썸에서 연애로 이어지지 않는 원인은 무척 많을 것이다. 가령 상대가 알고 보니 애인이 있어서일 수도 있다. 하지만 그 경우를 제외하고 꽤 많은 경우는, 상대에게 이미 사귀는 것처럼 부담을 주기 때문일 수도 있다. 연락을 계속하거나, 안부 연락을 빙자한 일거수일투족을 다 알려는 태도는 갑작스레 감소한 세로토닌과 증가한 코르티솔 때문일지도 모른다는 사실을, 썸붕을 막기 위해서 우리는 꼭 명심해야 한다.

사랑을 시작할 때

아슬아슬한 썸 단계를 고군분투하면서 '썸붕'의 위기까지도 잘 이겨내고 마침내 연애가 시작되면, 연애 초기 서로를 바라보기만 해도 좋은 시기가 찾아온다. 흔히 '콩깍지'가 씌었다고도 표현하는 이 시기에 느끼게 되는 감정 역시 호르몬의 장난 때문이다. 바로 '페닐에틸아민'이라는 호르몬인데, 이 호르몬은 연인에 대해서 객관적으로 인지할 수 없도록 이성을 마비시키고, 행복감을 주며, 흥분과 유쾌함을 느끼게 하는 호르몬이다. 아무리 피곤한 하루를 보냈더라도 연애 초반 데이트를 할 때면 괜히 잠이 번쩍 깨고 설레는 기분을 느꼈을 것이다. 실제로 이 페닐에틸아민은 천연 각성제이기도 하다. 한 가지 더 흥미로운 사실은 이 페닐에틸아민이 '초콜릿'에도 들어있다는 것이다. 그래서 연애 초기가 아니더라도 초콜릿을 먹으면 어느 정도 '페닐에틸아민'에 의한 효과도 기대해 볼 수 있을지도 모른다.

사실 이러한 '콩깍지'는 길어야 3개월 정도라고 한다. 그 이후가 되면 이성이 마비되어 연애를 하는 단계를 지나, 사랑은 조금 더 안정기에 접어들게 된다. 바로 이 사랑의 성숙단계에 접어들게 되면 이제는 '엔도르핀'이 모습을 드러낸다. 이 엔도르핀은 '천연 진통제'라고도 불리는데 기분을 좋게 만들고, 통증을 감소시킨다는 특징이 있다. 그리고 꽤 장기간 높은 수치의 분비량을 유지할 수 있기 때문에 사랑의 안정기에 적합한 호르몬이라고 할 수 있다.

사랑의 완성

안정기도 지나면, 이제 연인은 서로를 가족같이 여길 정도로 신뢰감이 깊어지고 유대감이 단단해지게 된다. 그리고 실제로 가정을 이루는 것까지도 고민을 하게 된다. 이렇게 사랑의 성숙 단계에 도달하게 되면, 성별에 따라 각기 다른 호르몬이 주도적으로 작용을 하게 된다. 먼저 여성의 경우 '옥시토신'이 주요한 호르몬으로 분비된다. 이 옥시토신은 스킨십을 할 때 혹은 아기를 낳고 수유를 할 때 분비가 되는데, 연인에게 친밀감을 느끼게 하고, 관계를 유지하게 한다.

남성의 경우에는 '옥시토신'의 형제 호르몬이라고 할 수 있는 '바소프레신'이 나오게 된다. 이 바소프레신은 아주 먼 옛날 인류가 주로 수렵과 채집을 하던 시절부터 무척 주요하게 작용한 호르몬인데 주로 '내 가족의 영역과, 내 여자를 지키겠다'라는 기분이 들게 한다. '헌신의 호르몬'이라고도 부를 수 있다.

연인 사이가 이 옥시토신과 바소프레신이 나오는 단계가 되면, 콩깍지가 벗겨져도, 심지어 단점이 보여도 서로를 수용하고, 그럼에도 사랑할 수 있는 단계가 찾아온다. 진정한 가족으로 나아갈 준비가 된 것이다.

사랑을 눈으로 볼 수 있나요?

'사랑은 마음으로 하는 것이다', '보이지 않지만 믿어야 한다' 등 사랑과 관련된 유명한 여러 문구들이 있다. 그러나 이 문구에는 허점이 존재한다. 현대 과학기술로 사랑을 눈으로 볼 수 있기 때문이다.

fMRI라는 기술이 있다. 풀어 쓰면 Functional Magnetic Resonance Imaging이라고 하는 이 기술은 쉽게 말해서 우리가 병원에서 가끔 찍을 수 있는 MRI의 동영상 버전이라고 생각하면 된다. 이 기기를 활용하면 특정 생각을 할 때 뇌의 어떤 부위가 활성화되는지를 실시간으로 확인할 수 있다.

사랑에 빠진 사람들은 미상핵 부위가 활성화된다. 이 부위는 사랑을 비롯한 본능적으로 일어나는 감정들을 관장하고 조절하게 된다. 어떤 것에 대해 유혹을 느끼게 될 때는 전두엽 피질 부분이 활성화가 되고, 친구 같은 사랑을 느낄 때는 측두엽 피질이 활성화된다. 마지막으로 열정 가득한 사랑을 할 때는 전두엽과 후두엽 피질이 함께 활성화된다고 한다.

이처럼 fMRI 기술의 발달을 통해서 과학자들은 뇌와 감정을 연결 지을 수 있게 되었다. 그러면서 또 발견된 흥미로운 사실이 있다. 지금까지는 계속 사랑을 잘 하는 이들에 대해서만 이야기를 했는데, 이별을 맞이한 이들의 뇌는 어떨까. 사실 이별을 하더라도 옛 연인을 그리워하는 마음은 남아 있을 수 있다. 그리고 그립지는 않더라도 슬프거나 혹은 고통스러운 기분이 존재할 수 있다.

이런 이들의 뇌를 fMRI를 통해 관찰하면 동기, 보상, 사랑과 관련이 있는 복측피개영역 부위가 활성화되어 있다고 한다. 그리고 사랑도 일종의 중독과 비슷하기 때문에, 실제로 마약 등에 중독된 이들과 동일하게 뇌의 쾌락중추인 측중격핵과 전전두피질 영역의 뇌 활성화 양상을 보인다. 마지막으로 신체적 고통, 스트레스와 관련된 뇌의 도피질과 전대상 부위도 활성화된다. 이별의 고통을 마치 중독을 이겨낼 때의 금단 증상을 느끼는 고통처럼, 뇌가 느낀다는 것이다.

빅토르 위고Victor-Marie Hugo는 "인생에 있어서 최고의 행복은 우리가 사랑받고 있음을 확신하는 것이다"라는 말을 남겼다. 그가 이야기한 '확신'은 그저 믿음을 전제로 했을 것이다. 그러나 이제는 사랑받고 있음을 눈으로 볼 수 있다. 확신을 가질 수 있을 과학적 근거인 fMRI를 통해 우리는 정말로 연인이 나를 사랑하고 있는지를 눈으로 생생하게 볼 수 있고, 확신 가득한 행복을 누릴 수 있다.

사랑을 위한 과학적 꿀팁들

이러한 모든 이야기들은 사실 사랑을 시작해야만 가능한 일들이다. 그러나 애석하게도 현 시대를 살아가는 많은 이들은 '새로운 이성을 만날 기회'가 없다고 말한다. 가뜩이나 자연스럽게 이성을 만날 수 있는 기회가 잘 없기 때문에, 소개팅 한 번 한 번이 무척 중요하게 느껴지기도 한다.

이렇게 귀중한 소개팅에서, 혹은 우연히 만난 상대가 정말 나의 인연인지를 과학적으로 알아보는 방법이 있다. 먼저, 상대의 동공을 보면 된다. 사람은 본능적으로 자신이 관심이 있는 상대를 볼 때면 동공이 커지게 된다. 빛을 더 많이 받아서 조금이라도 더 자세히 보려고 하는 것이다. 그래서 상대의 동공이 커졌다면 내게 관심이 있다고 생각할 수 있을 것이다. 두 번째로 상대의 체취가 끌린다면, 그 자체로도 운명적인 상대임을 의미한다고 생각할 수 있다. 체취는 보통 MHC라는 물질에 의해서 사람마다 고유하게 나타나게 된다. 그리고 이 체취가 끌린다는 것은 본능적으로 MHC가 자신과는 다른 사람이라는 것을 의미한다. 일부 연구에서 MHC가 다를수록 상대에게 더 많은 매력을 느끼고 관계가 오래 지속되었다는 결과가 발표되기도 했다. 마지막으로 상대의 행동을 관찰하는 것도 방법이 될 수 있다. 사람에게는 '거울 뉴런'이 있다. 거울 뉴런의 작용으로 우리는 마치 거울처럼, 관심이 있는 상대가 눈앞에 있으면 자연스럽게 그 행동을 따라 하거나 공감을 하게 된다. 만약 내가 상대의 행동을 따라 하거나, 반대로 상대가 나의 행동을 따라 하고 공감을 해준다면 서로 인연이라고 생각해도 될 것이다.

이렇게 나타나는 상황들을 보고 인연이 맞는지 확인하는 방법도 있겠지만, 만약 상대가 마음에 들었다면 보다 적극적으로 마음을 얻기 위한 과학적인 행동들을 할 수도 있다. 먼저, 상대의 눈을 바라보면 된다. 한 연구에서 모르는 사이의 두 남녀 쌍을 대상으로 서로의 눈, 손, 어깨 등 신체 부위를 서로 일정 시간 바라보고 호감도의 상승 정도를 알아보는 실험을 진행했다. 놀랍게도 실험 결과에서 서로의 눈을 바라보았을 때의 호감도가 가장 크게 상승했다고 한다.

아주 유명하기도 하고 익히 알려진 '흔들다리 효과'를 이용하는 방법도 있다. 위태롭게 출렁이는 다리 위를 걷는다면 무척 무서워서 심장이 빨리 뛸 것이다. 위기 상황이라고 느끼면 우리 몸은 '도망'을 가고 싶어 한다. 도망을 가려면 에너지를 빠르게 근육에 공급을 해주어야 한다. 이때 혈액 공급이 빠르게 촉진되면서 우리 몸의 세포들이 에너지를 생성할 수 있도록 포도당이나 산소 공급을 해주게 된다. 혈액 공급이 빠르게 되는 건 다른 말로 심장이 빨리 뛴다는 것을 의미한다. 즉 위험한 상황이라서 심장이 빨리 뛰는 것인데, 마치 눈앞의 상대 때문에 심장이 빨리 뛰는 것이라고 착각하는 상황을 연출하는 것도 방법이 될 수 있다는 것이다.

마지막으로, 연애에 있어서의 영원한 '난제'를 과학적으로 이야기해 보고자 한다. 바로 '남사친, 여사친'에 대한 것이다. 연인의 신경 쓰이는 이성친구로서의 존재가 아니더라도 흔히들 이성끼리 친한 친구 사이라고 하면 자주 듣는 이야기가 있다. 바로 '위장 남사친, 위장 여사친'이라는 것이다. 친구로 '위장'해서 친하게 지내지만, 두 명 중 한 명은, 혹은 둘 다 이성적인 관심이 있다는 것이다. 정말 그럴까? 연구에 따르면 이런 '위장 남사친, 위장 여사친'을 알아보기 위해서는 평균 22개월 정도가 필요하다고 한다. 실제로 과반 이상의 이성친구 관계가 평균 22개월 안에 친구에서 연인으로 발전했다는 결과가 밝혀졌기 때문이다. 22개월이라면 거의 2년에 가까운 시간이고, 이 시기를 지난 우정은 대부분 굳건한 우정으로 잘 굳는 것이 맞는 듯하다. 그러나 아직 알게 된 지 22개월이 지나지 않은 이성친구가 있는데, 실은 몰래 짝사랑 중이라면? 조금만 더 기다리며 앞서 말한 과학적인 신호를 적극 활용해 보기를 조심스레 추천해 본다.

현실 세계에서의 사랑이 점점 어려워지는 시대라고들 이야기한다. 현실을 간과한 채로 사랑에 대한 예찬만을 하기에는 녹록지 않은 청춘들이기도 하다. 그러나 여기까지 함께했다면 느꼈겠지만 사랑은 우리가 감히 예측할 수 없을 정도로, 스스로도 놀랄 만한 감정과 깨달음을 준다. 누군가를 사랑하고 사랑받는다는 것, 그리고 가족을 이루며 안정을 찾는다는 것은 어쩌면 인생에서 '그럼에도' 잊으면 안 될, 꼭 챙겨야 할 소중한 가치가 아닐까 생각한다. 메마르게 과학적으로 이야기해 보더라도 사랑과 결혼은 나의 호르몬들을 마치 오케스트라처럼 연주하고, 유전자를 후대에 남길 수 있는 소중한 순간들이니 말이다. 단편적인 시간을 살아가는 우리들에게 오늘 하루라는 더없이 아름다운 이날, 모두에게 사랑 가득한 날이 되기를 진심으로 소망한다.

인생의 축제,
음악

'Music is my life'. 음악은 내 인생이라는 말을 우리는 종종 어디선가 듣는다. 이런 수사에도 일리가 있는 것이, 살아가면서 우리는 거의 모든 순간 음악에 둘러싸여 있다. 영화를 보더라도 OST나 효과음이 있고, 길을 걷더라도 상점마다 틀어둔 노랫소리들이 거리를 가득 메운다. 조용한 도서관에서는 심지어 각자 이어폰을 끼고서라도 음악을 듣는다. 결국 우리의 삶이 음악이라는 말은 비약이 아닌 어느 정도 사실에 입각한 말이라고 할 수 있는 것이다.

살아가다 보면, 무언가 바쁘다는 핑계로 일과 집만 왔다 갔다 하는, 햄스터가 쳇바퀴를 도는 삶을 사는 시기가 있다. 나는 꽤나 워커홀릭인 데다가 멀티태스킹도 안 되는 편이라,

그런 시기가 찾아오면 다른 개인적인 일을 아예 하지 않고 최대한 나의 동선을 단순화시킨다. 음악도 잘 듣지 않는 건 물론이다. 그렇게 속세와 담을 쌓고 살고 있자면 왜인지 모를 헛헛함이 찾아온다. 불현듯 일상 속 가벼운 일탈이나 행복을 잊고 살았음을 느끼는 것이다. 그럴 때 가장 좋은 해소법은 다름 아닌 영화, 음악, 뮤지컬, 책과 같은, 현실 속에서 느낄 수 있는 환상적인 일들이 제격이다.

비단 나뿐만 아니라, 많은 이들이 실제로 느껴보았으리라 생각한다. 축제에 가서 야외 광장을 가득 메운 음악 소리에 몸을 맡기고 신나게 뛰며 따라 부르다 보면 고민거리나 스트레스가 저 멀리 떠나가 버리는 기분이 든다. '음악은 내 인생'이라는 말이 생긴 것도 실제로 인생의 여러 고단함에 음악이 동반자처럼, 때로는 기쁨을 주고, 때로는 위로를 해주기 때문이 아닐까?

우리를 행복하게 만드는 음악

음악은 고대부터 인류의 동반자로 그 자리를 지켜왔다. 심지어 그리스로마신화를 배경으로 하는 한 만화영화에서는 우리가 익히 알고 있는 이런 대사가 나온다. "너 때문에 흥이다 깨져버렸으니 책임져." 이 대사를 보기만 해도 오르페우스가 리라를 징기징장장 연주하는 영상이 자동으로 머릿속을 스치는 이들이 많을 것이다.

특정한 시간대나 장소, 분위기, 감성, 심지어는 어떤 이와 함께 있느냐에 따라서 어울리는 그리고 떠오르는 음악은 다 다르다. 어떻게 음악은 그리도 다채로울 수 있을까?

음악은 아주 단순화하면 박자와 리듬만으로 구성된다고 할 수 있는데, 음의 나열과 박자의 구성, 그리고 부르는 사람이 있는 경우 어떤 이가 어떤 창법으로 부르냐에 따라서 거의 무한한 수의 서로 다른 음악을 표현할 수 있게 된다. 그리고 이러한 음악의 불확실성과 놀라움은 감각과 감정에 큰 영향을 미친다고 한다. 특히 요즘의 음악은 한 소절을 듣는다고 다음 소절을 예측하기 굉장히 어려울 정도로 복잡성이 증가했기에 우리에게 더 큰 불확실성을 가져온다. 비교해 보자면 과거의 동요인 〈나비야〉에서, '나비야'라고 첫 소절을 부르면 왠지 모르게 다음 소절은 이 음계이겠거니 하고 예측이 된다. 그리고 이 동요에서는 그 예측이 꽤 정확하게 맞아떨어진다. '솔미미'가 '파레레'가 되는 아주 단순한 변화이기 때문이다. 이렇게 우리가 예측 가능한 화음을 들을 때면 우리는 다소 잔잔한 감정들인 '침착', '안도감', '향수', '만족감', '공감' 등을 느낄 수 있다고 한다.

반면 현대의 음악은 다음 소절을 예측하기가 어려운데, 이렇게 불확실성이 높아질수록 우리 신체는 심장 박동이 빨라지거나 놀라움을 느끼는 등 더 큰 진폭의 감정을 느끼게 된다. 이 때문에 이미 우리가 직감적으로 알고 있듯이 음악마다 우리가 느낄 수 있는 감정은 모두 다르다. 어떤 음악은 활력을, 어떤 음악은 집중이나 숙면을 불러일으키기도 하는 것이다.

음악과 관련된 널리 알려진 문장들 중 '음악은 국가가 허락한 유일한 마약'이라는 문구가 있다. 그렇다. 그만큼 음악이 우리에게 미치는 영향이 크다는 것을 은유적으로 표현한 이 문장은, 알고 보면 굉장히 과학적이다. 실제로 음악이 우리를 '정말로' 기분 좋게 만들어 주기 때문이다.

음악의 영향 중 대표적인 것으로 도파민이 분비되고 오피오이드 수용체가 활성화된다는 것이 있다. 도파민은 익히 알고 있듯이 쾌락에 관련된 호르몬이다. 음악을 들으면 힐링이 되고 즐거워지는 그 기분은 바로 도파민이 선사한 것이다. 한편 오피오이드는 비교적 생소할 것이다. 오피오이드 수용체는 보통 모르핀, 헤로인, 펜타닐 같은 마약성 물질과 결합해서 쾌감과 진통 효과를 느끼게 한다. 음악을 들었을 때도 오피오이드 수용체가 활성화된다는 것은 음악도 그만큼의 쾌감을 가져온다는 뜻이다.

나는 오랜 기간 동안 한 가수의 팬이다. 내 기준으로 소름 돋게 노래를 잘 부르는 그의 라이브 영상을 보고 있자면 소름이 돋고, 전율이 일어난다. 이러한 신체적 반응이 바로 도파민과 오피오이드 수용체의 작용이라고 할 수 있다.

또 음악을 좋아하는 분들이라면 공감할 텐데, 음악에는 크게 벌스와 코러스가 있다. 벌스는 노래 앞부분의 잔잔한 부분을 지칭하는 용어이고, 코러스는 말 그대로 모두가 아는 후렴 부분이다. 흥미로운 건 하나의 음악을 듣더라도 어떤 지점을 듣느냐에 따라 뇌의 활성화 부위가 달라진다는 것이다. 뇌의 활성화 부위를 영상처럼 볼 수 있는 fMRI를 통해 좋아하는 음악을 듣고 있는 사람들의 뇌를 살펴보면, 음악이 벌스에서 코러스로 가는, 클라이막스로 향해 가는 지점에는 사랑과 믿음과 같은 감정, 그리고 언어의 중추인 미상핵이 활성화된다. 그러다가 코러스에 도달하게 되면, 즉 음악이 최고조에 이르면 감정과 의욕, 쾌감의 중추인 측좌핵이 활성화된다고 한다.

이렇게 노래는 즐거움과 감탄의 영역에도 속해 있지만, 살짝 언급했듯이 통증을 완화하는 데에도 효과가 있다. 고백하자면 나는 스트레스를 많이 받은 날이면 고양이가 생선가게를 가듯이 꼭 가는 곳이 있다. 바로 코인 노래방이다. 가서 몇

곡 부르기만 해도 확실히 스트레스가 해소되고 머리도 맑아지는 기분을 느낀다. 이 역시 '느껴지는' 정도가 아니라 과학적으로도 맞는 이야기이다. 뇌에서 통증 수용 부위와 음악 수용 부위는 일치한다고 한다. 그래서 음악을 듣게 되면 통증 신호보다는 음악 신호에 뇌가 집중하게 되면서 통증을 상대적으로 덜 느끼게 된다고 한다.

또한 음악을 듣고 있으면 '스트레스 호르몬'이라는 별명을 가지고 있는 코르티솔의 분비가 감소하고, 면역력은 증가한다고 한다. 스트레스가 많은 직장인이나 청소년들이 특히 음악을 많이 듣고, 부르고, 즐겨야 하는 이유이다.

한편, 정말 슬플 때 더 슬픈 음악을 들었던 경험이 모두 있을 것이다. 사실 내게 있어서 슬플 때 들으면 위로가 되는 대표적인 음악은 〈도망가자〉이다. 가사와 부르는 창법, 그리고 대부분이 비교적 낮은 음으로 구성된 잔잔한 노래는 그 가사처럼 '그냥 도망가도 괜찮아'라고 옆에서 다독여 주는 기분이 든다. 실제로 슬플 때 슬픈 음악을 듣게 되면 고통의 순간에서 대처할 수 있는 프로락틴이나 옥시토신 같은 호르몬이 많이 분비가 되어서, 오히려 슬픈 감정에서 벗어날 수 있다고 한다.

이렇게 음악은 기분을 좋게 만들고, 사회적인 유대감을 향상시키며, 혈압과 심장박동도 낮춰주고 운동 지구력도 향상시켜 주며, 정신까지 치유해 주는 마법 같은 효능을 가진다. 사실 바꿔 생각하면 음악이 그러하기에, 'Music is my life'라는 말도 생겨나고, 그 긴 세월 동안 음악이 변함없이 우리의 옆을 지켜올 수 있었던 것이 아닐까 생각이 든다.

우리를 행복하게 하는 축제

안타깝게도 우리가 음악을 들을 때를 생각해 보면 딱 시간을 내어, 좋은 장비로 음악'만'을 듣는 시간을 가질 때는 잘 없는 것 같다. 대신, 배경음악처럼 한쪽 귀에 이어폰을 꽂은 채로 음악을 들으며 공부를 하거나 업무를 할 때가 대부분인 듯하다. 그런데 최근 연구에 따르면, 차분한 성격이고 외부 자극에도 그리 영향을 크게 받지 않는다면 공부를 할 때 음악을 듣는 것이 인지 능력을 향상시켜 주지만, 쉽게 지루해하고 외부 영향에 의해 집중력이 쉽게 깨진다면 음악을 듣지 않는 것이 학습 효율에는 더 좋다고 한다.

나는, 솔직하게 후자에 해당한다. 그렇기에 나처럼 음악은 좋아하지만 학업과 업무와는 병행하기 어려운 이들에게는 오히려 음악만을 제대로 즐길 수 있을 시간이 필요하다. 이 시간을 제공해 줄 수 있는 해답이 바로 콘서트, 뮤지컬과 같은 축제이다.

그런 의미로 나는 이 세상의 모든 이들이 적어도 1년에 한 번은 콘서트, 뮤지컬 등 어떠한 형태의 오프라인 축제라도 꼭 가는 것이 규칙으로 정해지면 좋겠다고 생각한다. '축제'가 우리의 인생을 변화시킬 수 있기 때문이다.

사실 이러한 오프라인 행사는 길어야 3, 4시간 정도로, 우리의 1년에 비추어 보면 그리 긴 시간은 아니다. 그러나 연구에 따르면 이렇게 오프라인 행사에 참여하는 것만으로도 개인의 웰니스가 크게 향상한다고 한다. 행복하다고 느끼는 긍정적 감정과 높은 몰입감을 느끼게 되는 것이다.

사실 이런 감정은 굳이 이러한 사회심리학 연구를 보지 않더라도 한 번이라도 행사에 가보았다면 무조건 느낄 수 있다. 나는 음악 페스티벌에 갈 때면 드넓은 행사장을 가득 메운 인파에 가장 먼저 놀란다. 그리고 가수들이 한 명씩 나와서 노래를 부를 때 그 많은 이들이 함께 '떼창'을 하고 연대하는 모습을 보면 현실에서의 수많은 갈등과 반목이 그 순간만큼은 세상에서 해소된 듯한 느낌을 받는다.

이러한 영향은 아쉽게도, 오프라인에서만 유효하다고 한다. 온라인에서는 무언가 함께 한다는 성취감 정도는 얻을 수 있겠지만 모두 함께 연대하거나 단합하고 있다는 긍정적 감정이나 행복감, 몰입감까지 느끼기는 어렵다고 한다.

이 글을 쓰면서 나는 뮤지컬을 하나 예매했다. 과학을 애정하는 나에게 과학만큼 소중한 것은 단연 음악이다. 과학자를 하지 않았다면 음악을 전공했을 것이라 말할 정도로 말이다. 네 살 무렵 피아노 건반을 종이에 그려 치는 모습을 보신 부모님은 피아노 학원에 나를 보내셨다. 그리고 피아노를 배우며 내가 절대음감인 것을 깨닫게 되었다. 이 절대음감은 음을 듣자마자 정확하게 음의 높낮이나 음계를 알아맞히는 능력인데, 뇌의 일차청각피질이 평균보다 크다면 절대음감일 확률이 있다고 한다. 그리고 이렇게 어릴 때부터 음악을 배운다면 감정을 관장하는 편도체가 활성화되고, 신경세포의 연결성도 높다고 한다. 가능하면 모든 삶에 있어 음악을 가까이하는 것이 결국에 삶을 더 풍부하게 즐길 수 있게 하는 열쇠가 될 수도 있는 것이다.

삶은 축복이다. 그래서 이 축복을, 이 선물을 귀중하게 쓰기 위해서 우리는 매 순간 애쓰고, 많은 부분들을 감내한다. 스트레스를, 어려움을 참아내다 그것이 병이 되는 경우도 있다. 그럼에도 그런 순간들을 이겨낼 수 있는 건, 음악과 함께하는 삶의 순간이 '인생은 만세'라고 노래 부를 만큼 행복하고 유쾌하며 흥겨운 기분을 선사해 주기 때문일 것이다.

PART 4

과학기술로 급변하는 세상

미래, 우리는

우리는 언제나 미래에 대해 궁금해한다. 반드시 다가오지만 정확히 알 수 없는 것에 대해서, 미리 알 수만 있다면 꼭 알고 싶어지는 것이 우리의 심리인 듯하다. 하지만 야속하게도 그토록 원하지만 또 알기 힘든 것이 미래이기도 하다. 그래서 우리는 민간신앙 혹은 미신의 힘을 빌리기도 한다. 그러나 실은 그마저도 신통치는 않다.

과학적으로는 어떨까? 그렇다. 우리는 오히려 과학의 눈으로 볼 때 꽤나 유효한 미래를 내다볼 수 있을지도 모른다. 두 가지 이유를 들 수 있을 것 같다. 먼저, 과학은 학문의 속성에서부터 미래와 맞닿아 있다. 새로운 과학 기술의 개발이 성숙되면 곧 현실을 변화시켜 나가게 된다. 증기기관의 발명과 산업혁명의 도래, 컴퓨터, 스마트폰의 발달을 넘어서 찾아온 AI 시대가 이를 증명한다.

다음으로, 대학교 시절 미학에 대해 배우던 중 인상 깊게 들었던, "학문을 깊이 파고 파다 보면 결국에는 통한다"라는 구절에서 그 이유를 찾을 수 있다. 요즘처럼 극도로 복잡해지고 다원화되어 가는 과학기술에서 하나의 학문을 깊이 파서 다른 학문과 통하는 길을 만드는 '통섭'과 '융합'은 더없이 중요한 가치가 되었다. 일례로 우리가 이제 모두 사용하는 AI가 이만큼 개발된 것도, 생명과학 분야의 뇌 신경망의 원리를 컴퓨터 공학으로 가져오는 통섭적 사고의 결과이기도 하니 말이다.

바야흐로 4차 산업혁명 시대이다. 과학과 기술의 풍요 속에서 우리는 헤엄치고 있다. 하루가 다르게 생활은 편리해져만 가고, 우리는 새로운 기술의 정체를 원리까지 정확하게는 알지 못하더라도 자연스레 문명의 이기라고 받아들이곤 한다. 조금만 이전으로 돌아가 본다면 지금 우리는 무척 이례적인 시대를 살아가고 있음을 깨달을 수 있다. 스마트폰이라는 것이 세상에 처음 도입된 것이 30년도 채 되지 않았다. 당장 나만 하더라도 어린 시절에는 휴대폰이라는 것도 생소했고, 지금처럼 살아가는 모든 기록이 휴대장치를 통해 연동되는 것은 과학의 달 과학 글짓기 행사에서나 적을 법한 먼 미래의 일이라고 생각했으니 말이다.

그 시기 동안 비단 우리나라뿐 아니라, 전 세계는 유례없이 빠르게 발달했다. 나를 비롯한 지금의 2030세대들은 자라오는 내내 세상이 급변하는 격동기와 함께했다. 과학과 공학은 급속도로 세상을 바꾸어 나갔고, 퇴보라는 것은 존재하지 않는 것처럼 느껴졌다. 생활은 이전과 비교도 되지 않을 정도로 편해졌고, 세계는 일일생활권이라는 말이 어떠한 표어로서가 아니라 진짜로 가능하다는 걸 우리는 자라오면서 몸으로 느꼈다.

어떻게 보면 우리는 이전의 어떤 세대보다도 가장 세계적인 세대이기도 하다. 거의 대부분의 친구들은 영어로 기본적인 의사소통은 할 수 있다. 정말 최소한 자기소개라도 할 수 있을 정도로 의무교육을 받은 세대인 것이다. 그렇게 자라왔기에 세상 어느 나라에 가더라도 낯섦에서 오는 두려움을 크게 느끼기보다는 즐기는 쪽에 가깝다. 개개인의 특성이라기보다는 세대 전체적으로 공통적으로 경험한 여러 배경들이 우리가 세계 어디를 가더라도 그리 큰 이질감 없이 적응할 수 있도록 해 준다.

'지구촌'이라는 말처럼, 우리는 이제 세계 어디에서든 같은 문화를 향유하기도 한다. 넷플릭스와 같은 OTT의 시대가 되면서, 세계 각 국가들이 동일한 콘텐츠를 동시에 즐긴다. 그만큼 다양한 나라에 대한 이해가 높아지고 있다. 영어를 공부하려고 전화 외국어 수업을 들었던 적이 있는데, 남아프리카 공화국에 살고 있는 선생님이 나보다 한국 드라마를 더 많이 알고 보고 있어서 놀랐던 기억은 아직도 선연하다. 나 역시도 다양한 해외 드라마를 보고, 외국에서 알게 된 친구들과 그 이야기로 친해짐의 물꼬를 트기도 한다.

상대가 어디에 있든지 바로 소통을 하는 것도 가능하다. '코로나 시대'가 가져온 온라인 미팅 기능의 눈부신 확장은 우리가 전 세계 어디에 있는 누구라도 지금 당장 연락할 수 있도록 해 주었다. 시간과 공간의 경계가 완전히 무너진 것이다.

그래서일까? 요즘은 세계 어떤 나라를 가더라도 어느 정도는 비슷비슷한 느낌을 받는다. 표준화가 된 것이다. 종교적인 이유로 의복은 두건을 쓰거나, 전통 의상을 입더라도, 스마트폰을 사용하고 유행하는 노래를 동일하게 알고 있으며 어쩌면 같은 시대정신을 가지고 있다.

이 모든 것에 과학기술의 발전이 지대한 영향을 미쳤음을 부정할 수는 없을 것이다. 우리는 미처 인지하지도 못한 채로 과학기술은 단순히 그 자체의 눈부신 발전을 넘어, 삶을 변화시키는 초석도 하나 둘씩 만들어 두고 있었던 것이다.

그렇다면 궁금해질 것이다.

과연 앞으로의 미래도, 지금처럼 눈부신 속도로 발전할까? 사실 확실히는 알 수 없다. 코로나 바이러스로 2년 가까이 모든 세계가 멈출 것이라고 아무도 예측하지 못했듯이 언제나 변수는 존재하니 말이다. 그러나 꽤 높은 확률로 지금부터의 발전은 이전과는 다른 양상으로 진행될 것은 확실해 보인다.

연구자이자 삶의 모든 순간을 이공계인으로 살아온 내가 바라본 관점은 이러하다. 먼저 지금 개발된 AI는 단순히 생활을 더욱 편리하게 하는 것에 그치지 않고 더욱 깊숙하게 인간의 내면을 파고들게 될 것이다. 초고령화 사회를 맞이함에 따라 글을 읽거나 많이 돌아다니는 것에는 제약이 있는, 홀로 지내는 노인들이 챗GPT를 비롯한 생성형 AI와 하루의 대부분을 함께 대화한다는 이야기를 많이 듣고는 한다. 적적한 하루에 훌륭한 말벗이 되는 것은 좋다. 그러나 생각해 보면 그렇게 이야기하다 보면 어느새 여러 가지 개인 정보들까지도 이야기하게 되는 경우가 부지기수이다. 당장 가족에게도 쉽게 말하지 않을 비밀 정보까지도 공유하는 경우도 있다. 과연 우리가 털어놓았던 비밀들이 안전하게 지켜지고 있을까?

자율주행자동차의 보급에 대해서도 비슷한 이슈를 고민

할 수 있다. 장거리를 장시간 운전하면 집중도가 떨어지고, 자칫 사고로 이어질 수도 있다. 이러한 인간으로서의 한계를 인공지능을 이용한 주행으로 훌륭하게 극복할 수 있다. 그러나 갈림길에 각각 한 명과 세 명이 서 있는 도로에서 어떤 길을 선택해야만 할지와 같은, 정의 혹은 인간의 심리와 연관되는 문제에서 자율주행차가 어떻게 판단하도록 설계하는 것이 옳은지는 여전한 숙제이다.

나는 어린 학생들을 대상으로도 많은 강연을 진행한다. 그리고 이들 학생들에게도 AI의 여파는 꽤 크다는 것을 실감한다. 학생들의 질문을 들어보면, 그들은 과학기술이 이미 포화상태로 발달했다고 생각하고, 기존의 직업이 사라지는 AI 시대에 앞으로 어떤 공부를 해야 할지 모르겠다고 토로한다. 이 질문은 비단 학생들만의 고민이 아닌, 이미 산업계에 몸담고 있는 나를 비롯한 많은 이들의 목전에 닥친 고민이기도 하다. 현 산업계나 심지어는 전문직종까지도 AI가 일자리를 어느 수준까지 대체할지는 예측하기 어렵기 때문이다.

마지막으로 우리네 2030대들은 실은 너무 빠르게 지나가 버린, 조금은 불편했던 과거 역시 조금 그리워하는 것 같다. 어릴 적 공상영화로, 과학 포스터로 꿈꾸던 세상이 현실이 되었지만 그럼에도 가끔은 불편해도, 서툴러도 인간미 넘치던 세상을, 조금 더 마음이 편했던 세상을 그리워하는 것 같다. N포 세대라고 지칭되는 요즘 세대들은 여느 세대보다 정신 질환으로도 많이들 힘들어하고 있다. '약해빠져서'라고 치부하기에는 그저 시대 상황이 그러한 것 같다. 추억을 불러올 수 없을 정도로 너무 급변하던 찰나마다 그들의 유년 시절이 있다. 그 전 세대도 경험하지 못했고, 그 후의 세대도 경험하지 못했던 숱한 경험들을 지금의 2030세대는 가지고 있다. '알' 요금제, 플래시 게임들, 미니홈피, 폴더폰, 슬라이드폰 등 공감받기도 어렵고 다시 찾아보기도 어려운 추억들을 우리들은 그리워한다. 그래서인지 이를 추억하는 드라마, 웹툰, 영화 등이 '감성'으로 포장되어 그렇게도 많이 소비되고 있는지도 모른다.

이렇게 급변하는 세상은 과학기술이 빠르게 발전했기 때문이라고 생각할 수 있다. 그렇다면 과학기술은 어떠한 유인으로 세상에 나오게 된 것일까? 생각해 보면 과학기술은 언제나 사람들의 '필요'에서부터 시작했다. 인류 최초의 발명품은 '바퀴'였다. 이 바퀴는 사람의 타고난 근력으로는 끌기 어려웠던 무거운 물건들을 조금 더 쉽게 운반하기 위한 '필요'에 의해 개발되었다. 그 이후의 과학기술도 마찬가지이다.

결국 앞으로 과학기술이 어떻게 세상을 변화시킬지 예측

하기 위해서는, 그보다 앞서 사람들이, 이 세상이 지금 가장 '필요'로 하는 것이 무엇인지를 생각하는 것이 중요하다. 과학기술은 그 지점에 주목해, 인류의 불편함을 해소하고자 답안을 제시할 것이기 때문이다.

기술은 양옆을 가리고 앞만 보고 달리던 경주마가 아니다. 주변 세상과 함께 어우러져서 달리고 있다. 우리가 스스로의 필요를 명확히 인지하고 이를 바탕으로 과학기술도 이해할 때, 사람과, 사회와, 세상과 함께하며 한편으로는 지속 가능한 미래를 위해, 환경을 해치지 않도록, 혹은 복구할 수 있도록 과학과 세상은 공진화할 수 있을 것이다.

공학이 우리를 자유롭게 하리라

"Veritas vos liberabit, 진리가 너희를 자유롭게 하리라" 라는 말이 있다. 그러나 요즘 세상을 보면, "Technologia vos liberabit", 공학과 기술이 너희를 자유롭게 하리라, 하는 말로 설명할 수도 있을 것만 같다.

실로 공학이, 기술이 우리 삶에 미치는 영향은 지대하다. 최근 식당에서 공학과 기술이 삶 깊숙이 자리한 엄청난 일을 목격한 적이 있다. 옆 테이블에 말도 못 하고 옹알이만 겨우 하는 갓난아이가 아기의자 위에 태블릿을 올려놓고 영상을 보고 있었고, 다른 가족들은 식사를 하고 있었다. '저렇게 어린 아기도 영상을 보는구나' 하고 무심결에 옆 테이블을 보면서 생각하던 순간, 아기가 보던 영상이 끝났다. 그런데 놀랍게도,

말도 못 하는 조그마한 아기가 더 조그마한 손가락으로 아주 정확하게 태블릿 영상의 '다음' 버튼을 누르는 것이었다. 그야말로 마법을 보는 것 같았다. 주변에 물어보니 요즘 아기들은 그 정도 기본적인 조작 능력은 거의 다 탑재하고 있다는 듯했다. 아기들뿐만이 아니다. 요즘은 100세 가까이 되신 어르신들도 무척 정정한 데다 스마트폰을, 심지어 AI까지도 능수능란하게 사용하시는 것을 흔히 볼 수 있다.

이런 세상인데, 만약 스마트폰이 없다면 우리의 삶은 얼마나 불편해질까? 아마 거의 대부분의 일상에 큰 제약이 생길 것이 분명하다. 예전과 달리 주변 친구들의 연락처를 외우고 있지 않을 뿐만 아니라, 설사 외우고 있더라도 저장된 번호가 아니면 연락 자체를 잘 받지 않는 경우도 많다. 비단 연락뿐만이 아니다. 길을 찾고, 물건을 사는 것까지 모두 스마트폰으로 가능해진 세상이기에 그 빈자리는 무척 크게 느껴질 것이 분명하다. 명실상부한 '기계가 우리를 지배'하는 세상이 된 것이다.

이미 과거에 영화를 통해 우리는 이 미래를 살짝 '스포' 당했던 적이 있다. 바로, 영화 〈매트릭스〉이다. 이 영화에서는 기계가 인간을 지배하는 세상이 나온다. 그리고 인간을 지배하는 기계는 딱 봐도 툭 치면 '깡' 소리가 날 것 같은 차갑고 단단한 금속으로 표현되었다.

하지만 이러한 이미지와는 달리, 지금의 우리의 삶 깊숙이 자리 잡고 지대한 영향을 끼치고 있는 기계들은 차갑고 거대하다기보다는 친구처럼 유쾌하고 다정한 데다가, 무척이나 도움이 되고 꼭 필요한 존재로 지금 이 순간에도 우리 일상에 스며들어 오고 있다.

차갑고 이질적인 모습이 아닌, 따뜻하고 친절한 기계의 모습에 빠져들어서, 어쩌면 우리는 현실에 발을 딛고 있지만 디지털 세상에 영혼을 맡긴 채, 현실과는 점점 멀어지고 있는 것이 아닐까 생각해 본다.

공학은 어떻게 세상을 점령했나

무어의 법칙Moore's law이라는 것이 있다. 1965년 고든 무어Gordon Earle Moore 교수가 만든 것으로, 반도체의 집적도가 2년마다 2배 증가한다는, 마치 도깨비방망이 같은 법칙이다. 이게 어느 정도인지 바로 체감하기 위해 투자로 생각해 보면 100만 원의 원금으로 시작해서 2년 뒤에는 200만 원, 20년 뒤에는 12억 8,000만 원을 만드는 엄청난 법칙인 것이다. 2년 후에 200만 원을 만드는 것까지는 어찌어찌 성공한다고 하더라도, 2배씩 증가한다는 것은 생각 이상으로 어마어마한 일이다. 눈 깜짝할 사이에 엄청나게 큰 수로 불어나기 때문이다.

그렇다면 이 엄청난 법칙에서, 반도체의 집적도라는 게 얼마나 높이기 쉽길래 그 법칙이 가능했을지 의문이 들 수 있을 것이다. 이해를 돕기 위해 집적도가 무엇인지부터 조금 설명해 보자면 이러하다. 반도체의 성능은 결국에 손가락 한 마디만 한 크기의 칩에 여러 가지 계산을 해주는, 즉 '연산 처리'를 해주는 트랜지스터가 얼마나 많이 들어갈 수 있는지에 직결된다. 쉽게 말하면 신문지를 활짝 펴고 서 있기는 쉽겠지만, 반으로 접고 그걸 또 반으로 계속 접어가면 이내 한 발로 까치발을 서도 버티기 힘든 그런 느낌이라고 생각하면 된다. 아마 이 신문지 게임을 해보았다면 알겠지만, 5라운드까지 가는 것도 몹시 힘든 일이다. 신문지가 128분의 1 정도로 아주 조그마한 크기가 되어버리기 때문이다.

그런데 이 무어의 법칙은 무려 약 50년간 건재하게 유지되었다. 아주 어려운 과정이었음에도 이러한 비약적인 반도체 기술의 발전으로 2010년대 중반까지 컴퓨터는 눈부시게 발전할 수 있었다. 그에 따라 우리의 컴퓨터는 영화 하나를 다운로드하려면 거의 하루가 꼬박 걸리던 시절을 지나, 눈 깜짝할 사이에 고화질의 영화를 다운로드하는 것이 가능해지는 지금에 이르렀다. 하지만 2016년 정도가 될 무렵, 무어의 법칙은 더 이상 성립되기 어려워졌다. 어느 정도 기술 고도화가 되어버린 데다가, 물리적인 한계에도 직면했기 때문이다.

그렇다면 이제 발전은 끝난 것일까? 그렇지 않다. 관점을 조금 바꾸는 연구가 시작되었다. 기존에는 하나의 반도체 칩에서 다른 반도체 칩으로 데이터가 오고 갈 때 '계단'으로만 이동할 수 있었다고 한다면, 이제는 계단 말고, 이를 대체할 엘리베이터가 등장하게 되었다. 여담이지만, 이렇게 등장하게 된 것이 이름만은 숱하게 들어보았을 HBM 반도체이다. HBM은 떡꼬치처럼 반도체 칩을 수직으로 쌓은 뒤 하나의 전선을 꽂아서 데이터가 이동할 '엘리베이터'를 만들어 준 것이라 생각할 수 있다. 이 방식을 통해 데이터 이동 속도를 혁신적으로 증가시킬 수 있었고, AI 기술 발전의 가속화에도 큰 영향을 주게 된 것이다.

즉 이제는 한 분야에서의 전문화와 고도화는 어느 정도 고점에 도달했다고 생각할 수 있을 것이다. 이는 한 분야만 한정해서 연구하는 기존의 관점으로부터 우리가 학문을 연구하는 관점이 변화해야 할 시기라는 것을 의미하기도 한다. 실제로 많은 연구자들이 그러한 시도를 시작하고 있다. 그것이 바로 '융합 연구'이다.

가장 대표적인 것이 방금 언급한 AI 분야, 그리고 여기에 '바이오' 분야까지도 접목한 연구이다. AI와 바이오 분야를 융합한 연구는 인류의 미래 의료를 위해서도 활발하게 진행이 되고 있다. 예를 들면, 예전에는 '기계공학과'라고 한다면 기계장치의 구동원리를 분석하거나, 어떻게 기계장치를 접목시켜서 더 나은 움직임을 가져올지 혹은 흔들려도 잘 버틸 수 있을지 등을 주로 연구했다. 이제 이 학문은 '바이오'와 융합하면서, 움직임이 불편한 이들에게 움직임을 가능케 해주는 생체적합성을 가진 로봇 팔을 만들어 줄 수 있게 되었다. 'AI'까지 결합한다면? 뇌에서 움직여야겠다는 생각을 하면 실제로 이 로봇 팔이 움직이게 하는 것까지 구현이 가능하다.

여담으로 무어의 법칙에서 무어의 스펠링을 거꾸로 쓴, 이룸의 법칙Eroom's Law도 있다. 이 역시 공학과 무척 맞닿아 있다. 신약 개발 비용이 9년마다 2배가량 증가한다는 법칙인데, 기술의 고도화에 따른 투자의 중요성을 시사하는 법칙이라고도 할 수 있다. 이 법칙도 이러한 융합 연구가 진행됨에 따라 곧 깨질 가능성이 제기되고 있다. AI를 활용해서 신약을 구성하는 고분자의 3D 화학구조를 미리 예측하고, 각 작용기가 어떻게 체내에서 작용할 수 있을지 시뮬레이션을 하며 최적의 신약 조합을 찾아낼 수 있게 되면서 비용이 대폭 절감될 것이라 예상되기 때문이다.

4차 산업혁명, 그 이후에는?

처음 증기기관이 개발되고, 공장 시스템이 도입되면서 기계 장치가 모든 노동력을 대체해 버리면 사람은 앞으로 무엇을 하고 먹고살아야 할지에 대한 두려움이 급증했던 시기가 있다. 그때 노동자들은 기계를 없애버려야 한다며 '러다이트 운동'을 벌였다.

그러나 기술이 세상에 등장했다는 것은 실은 이미 패러다임이 전환되었다는 것을 의미한다. 필요하다고 생각해서 어떻게 현실화시키면 좋을지 상상에 그치던 단계에서, 연구 단계를 거쳐 스케일업을 통한 상용화, 그리고 더 나아가 큰 산업에 적용할 수 있을 정도로 고도화 멋진 결과를 경험했는데, 다시 되돌리는 것은 쉽지 않다.

결국 인류의 역사는 필요에 의해 과학기술이 발전하고, 그로 인해 변화한 현실에 어떻게든 적응해 나가는 여러 고군분투의 순간들이 아닐까 생각한다. 농경사회에서 돌로 만든 도구를 사용하다가 조금 더 사용성이 좋은 청동기, 철기를 사용하게 되었을 때도 세력다툼이 있었을 것이고 누가 더 좋은 무기로 제련하는지에 대한 그들 간의 기술력 다툼도 있었을 것이다. 그러나 그러한 여러 어려움에도 불구하고 다시 돌로 만든 도구만 사용하던 시기로 회귀하는 것은 결코 쉽지 않았을 것이다. 산업혁명의 시기도 마찬가지이다. 노동자들은 일자리가 사라질 것을 염려하며 러다이트 운동을 벌였지만 결국 산업화는 진행되었다. 그리고 노동자들의 우려대로 기존 인간 노동력이 필요했던 자리들을 기계가 대체하기도 했지만, 한편으로는 전혀 생각지도 못했던, 기계장치를 관리하거나 유지보수하는 일자리들이 새로 생겨나게 되었다. 이렇듯 역사의 면면들을 조금만 들여다보더라도 우리는 기술의 등장이 반드시 사회 전반을 변화시킨다는 것을 금세 알 수 있다.

가장 최근에는 컴퓨터가, 스마트폰이 그러하였다. 그리고 이제는 AI가 우리의 미래를 지금과는 다른 전혀 새로운 방식으로 변화시킬 것이라 단언할 수 있다. 특히 인공지능을 활용한 자율주행자동차, 산업체나 가정 등 각 분야에서 쓰임이 무궁무진할 로봇, 그리고 이미 생활 각 분야에서 없는 것이 상상조차 되지 않는 생성형 AI 툴들은 이미 우리의 삶을 보다 윤택하게 만들어 주는 기술의 최전선이다.

2016년에 이미 이런 시대는 예견되었다. 당시 다보스 세계 경제포럼에서 처음 '4차 산업혁명'이라는 단어가 등장했다.

인공지능을 필두로 한 기술 패러다임의 변화로 현실세계와 가상세계의 경계가 모호해질 것을 예측했던 것이다. 그리고 이때 예측했던 그대로, 지금 AI 기술은 빠르게 우리 생활의 면면에 깊숙이 자리하고 있다. 머지않아 과거의 러다이트 운동처럼 이제는 AI가 대체할 인간의 노동력에 대해서 어떻게 과학적으로 현명하게 대처할 수 있을지에 대해 유보할 수 없이 정면으로 마주할 시간이 점차 다가오고 있다.

특히 일각에서는 2030년대에는 인공지능이 사람들의 일을 거의 대체해 나가기 시작하고, 2040년에는 완벽한 범용 인공지능 체계가 자리를 잡을 것이라고 예측한다. 그리고 최근 몇 년간의 AI 개발 속도를 생각해 보면, 정말 가능한 일일 수도 있겠다는 생각이 들기도 한다. 심지어 이 AI 기술은 다양한 부가 기술들과 접목하여 연구되면서, 외부에서 우리를 도와주는 형태를 넘어서, 내부적으로 우리 자신을 더욱 변화시킬 수도 있을 것이다.

이에 대한 대표적인 기술로는 BCI라는 기술이 있다. Brain-Computer Interface의 약어인 BCI는 말 그대로 뇌와 컴퓨터를 연결하는 기술을 의미한다. 뇌의 신경세포를 통해 신호가 전달되는 방식은 크게 전기 신호와, 화학 물질을 사용하게 된다. 이를 이용해서 뇌에서 생각하는 특정 단어들을 컴퓨터 장치를 활용해 출력해서 로봇 팔을 움직인다든지, 생각하는 바를 컴퓨터 장치를 통해 말하게 한다든지 하는 기술들이 바로 BCI이다.

이미 실제로 스탠퍼드대학교의 연구에 따르면 74% 정도의 정확도로 생각한 문장을 정확하게 읽어 내는 기술이 확보되었다고 한다. 더 놀라운 건 이 기술이 모든 속마음을 다 읽어 내는 것이 아니라, '말하고 싶은 속마음'만 읽어 낼 수 있다는 점에 있다. 가령 '치티치티뱅뱅'과 같은, 미리 약속된 단어를 떠올려야만 속마음을 읽는 모드로 설정이 된다고 한다. 사실 생각해 보면 우리는 생각보다 머릿속으로 떠올린 말들을 입 밖으로 다 내뱉지는 않는다. 바꿔 말하면, 만약 BCI 장치가 속마음을 내뱉는 조건에 대한 안전장치 없이, 우리가 생각만 하면 무조건 출력을 한다면 어떨까? 이 세상은 비밀도 없고, 거짓말도 없는, 정직하기는 할 테지만, 한편으로는 아찔할 수도 있을 상황을 맞이할 것이다.

노동의 종말이 찾아오고, 뇌에 전극을 연결해서 노력하지 않아도 모든 정보를 단숨에 습득할 수 있는 세상이 온다면, 우리는 과연 무엇을 위해 살아가야 할까? 그 삶은 더 행복할까?

기술이 선사한 최적화의 대가: 우리는 무엇을 선택할 것인가

'과학자의 사회적 책임'이라는 말이 있다. 과학기술 자체는 가치중립적이다. 즉 기술 자체만 놓고는 좋거나 나쁘다고 이야기할 수는 없다. 그러나 과학기술을 사용하는 주체는 그 기술이 사회에 쓰였을 때 어떠한 영향을 미치게 될지를 생각해야 하며, 그에 따른 제도적 혹은 인식적인 개선을 마련해야 한다. 예를 들자면 '우라늄을 농축하는 기술'까지만 생각하면 이 기술 자체는 좋다, 나쁘다 하는 가치를 가지지는 않은 단계이다. 그러나 이 기술로 전기를 생산할 수 있도록 원자력 발전에 사용할지, 핵폭탄을 만드는 데 사용할지는 기술을 활용하는 주체에게 달려 있고, 어떠한 활용 방법을 택하더라도 그에 수반하는 제도와 인식 등을 마련하는 것 역시 활용 주체들과 그 환경에 책임이 따른다.

과학기술이 세상에 등장하는 여정을 생각해 보면, 과학기술은 처음에는 조그마한 상상 정도로 시작한다. '하늘을 나는 교통수단이 있으면 좋겠다' 정도로 말이다. 그러다 이 상상이 그보다는 조금 더 큰 연구실에서 여러 가지의 시행착오를 거치면서 작은 규모에서의 성공을 거둔다. 이후에 실제 세상에 쓰일 수 있을 정도로 조금 더 다듬어지는 과정을 거친 후에 세상에 나오게 된다. 보통 이때가 되어서야 이 기술이 세상에 미치는 파급력을 볼 수 있기 때문에 과학기술의 발전보다 이에 대한 제도나 인식의 뒷받침이 늦어지는 것은 당연한 수순이기는 하다. 그러나 제도나 정책은 기술 개발의 뒤를 따르는 것이 당연하다고 안심하고 있기에는, 과학기술의 발전 속도가 유례없이 점점 빨라지고, 그 파급력 역시 여느 때보다 커져가고 있다.

앞서 이야기한 AI가 지배하는 4차 산업혁명의 시대는 곧, 아니 이미 도착해 있다. 인류가 필요로 하는 요구에 과학기술은 답을 언제나 제공해 왔기 때문이다. 그러나 답을 얻었다고 무작정 전진하는 것이 아닌, 어떻게 사용하는 것이 슬기로운 방법일지 고민하는 것은 과학기술을 연구하는, 그리고 사용하는 우리의 몫이다.

결국 우리의 선택이, 신념이 중요해질 것이다. 한 개인의 역량을 뛰어넘는 인공지능으로의 발달에 따라 그 시스템을 적극적으로 활용하고, 대신 우리는 인류의 존재가치를 노동을 배제한 다른 것에서 충족하거나 혹은 인공지능과 경쟁하며 노동의 자리를 지키는 방법도 있을 것이다. 혹은 기존에 우리가 관습적으로 생각하는 모든 패러다임을 뒤집는, 사고방식의 전복이 일어날 수도 있을 것이다.

공학과 기술은 우리가 가졌던 사고의 틀을 깨주고 상상을 현실로 가져와 준다. 그 이기가 진정한 '자유'가 되기 위해서는 우리가 이에 대해 잘 알고, 어떻게 사용해야 할지 고민해서 저마다의 최선의 답을 찾아야 하지 않을까.

AI와 함께 살아가는 일상

AI는 그야말로 지금 이 시대를 가장 빠르게 점령해 나가고 있다. 당장 TV만 보더라도 AI를 활용하는 방송, 혹은 이미지와 영상 들을 무척 많이 볼 수 있는 신기한 세상이 되었다. 요리하는 강아지나 일을 하는 햄스터 등 AI를 활용해서 실제로는 구현하기 어려운 다양한 영상들이 무척 많이 생산되고 있고, 그것들이 밈으로 유행하고 많은 이들에 의해 소비된다. 반대로, 마치 카메라로 찍은 것처럼 실제 같은 영상을 구현하려 애쓰지만 제대로 실패해 버린 영상들이 역설적으로 유행을 끌고 있기도 하다. 실패 영상의 아마 가장 대표적인 예라고 한다면 누구나 한 번쯤 보았을 한 할리우드 배우의 '파스타 먹방' 영상이 떠오를 것이다. AI로 만들어진 이 영상은 거의 해마다 업데이트가 되는데, 시간 순서대로 쭉 보고 있자면 AI 기술의 발전사를 한눈으로 담을 수 있을 정도이다. 첫해의 영상에서, 배우는 파스타를 손으로 위태롭게 집어 들고는 입이 아닌 얼굴로 파스타를 먹는 듯한 모습을 보인다. 해가 바뀔 때마다 AI 영상 속 배우는 놀라울 정도로 점점 더 파스타를 '사람처럼' 먹게 된다. 그리고 가장 최근 영상에서는 아주 단정한 자세로 파스타를 포크로 돌돌 말아서 입에 쏙 집어넣는 모습을 보여주어 놀라움을 자아냈다. 정장을 입고 대화까지 나누는 건 덤이다.

이 외에도 AI로 제작된 콘텐츠들은 우리의 일상에 깊숙이 자리하고 있다. AI 목소리를 사용해서 익살스럽게 더빙을 한 쇼츠, AI로 만든 유리 다리를 건너가는 ASMR 영상, AI로 제작한 뮤직비디오 등 소재도 다양하고 보고 있자면 흥미로워서 시간 가는 줄 모를 정도이다. 더 놀라운 건 정말 말 그대로 '눈 깜짝할 사이'에 기술이 발전한다는 사실이다. 일상에서 AI를 활용하는 영역이 무척이나 다양하게 넓어지고 변화하고 있고 이에 따라 당장 내일 생각지도 못했던 새로운 유행이 찾아온다고 하더라도 전혀 어색함이 없다고 느껴질 정도이다.

예전에 무척 재미있게 보았던 영화가 있다. 앞에서도 언급한 바 있는 영화 〈그녀〉이다. 당시 이 영화를 보고 무척 인상 깊어서 연재하던 칼럼에도 해당 영화에 대한 글을 적었던 기억이 있다. 영화는 간단히 설명하자면 어떤 남성이 인공지능인 여성과 사랑에 빠지는 내용이다. 불과 10년이 조금 지났을 뿐인데, 당시에는 이 영화가 말 그대로 '공상'에 불과하다고 여겨졌다. 아이러니하게도, 그리고 흥미롭게도 이제 영화는 현실이 되었다. 많은 이들이 챗GPT를 비롯한 AI 서비스를 통해 인생 상담을 하고, 연애 고민을 토로하며, 심지어 그 어떤 누구에게도 털어놓지 못하는 이야기까지 AI에게 털어놓는다고 한다. 10년 사이에 기술은 현실을 변화시키고, '공상'이라 치부했던 우리의 인식마저 변화시켰다.

영화가 나온 시기에서 조금 더 시간이 흘러, 2016년에 인공지능과의 세기의 대결이 있었다. 바로 이세돌 9단과 알파고의 대국이었다. 사실 이때까지만 하더라도 인공지능의 위상은 다소 처참했는데, 대국 전까지만 해도 많은 이들이 알파고를 휴대전화 앱으로도 할 수 있는, 컴퓨터와 두는 바둑 프로그램 정도로 생각했다. 심지어 대국 당사자인 이세돌 9단도 대국 전 본인의 승리를 점칠 정도였다. 하지만 우리가 잘 알듯이, 이 대회는 알파고의 승리로 마무리되었다.

어떻게 기계장치가 인간을 이길 수 있었을까? 바둑의 역사가 얼마나 긴데, 그리고 바둑의 수를 두는 방법이 얼마나 다

채로운데 어떤 수를 썼길래 기계가 이길 수 있었는지는 당시 뜨거운 감자였다. 바둑은 수를 두는 그 개인의 역량도 중요할 뿐더러, 긴긴 역사 동안 기록되어 있는 '기보'를 통한 공부도 중요하기 때문이다. 그 어마어마한 학습량을 채운 AI의 '가능성'을 알린 순간이 바로 그 대국이었다.

AI와 관련된, 더욱 흥미로운 일은 그다음에 일어났다. 알파고는 시리즈물처럼, 이세돌-알파고 대국 때는 '알파고 리AlphaGo Lee'가, 그리고 그 이후 버전으로 '알파고 제로AlphaGo Zero'가 명맥을 이었다. 그런데 이 '알파고 제로'는 '사람처럼' 0에서부터 바둑을 배우지 않았다. 대신 아주 획기적인 방법을 썼는데 기계 장치는 먹지도 자지도 않고, 셀 수 없을 정도로 많은 연산 작용을 아주 빠르게 할 수 있다는 장기를 적극 활용했다.

구체적으로 어떻게 학습을 했는지를 적어보자면 이러하다. 알파고 제로는 바둑을 어떻게 두는지를 하나하나 배운 게 아니었다. 그저 무작위로 계속 바둑을 두고, 이길 때 점수를 받았다. 이를 학문적으로는 '강화학습'이라고 부른다. 말 그대로 잘하면 당근을 주고, 잘하지 못하면 채찍을 가하는 아주 전통적인 학습 방법이다. 그러한 방식으로 학습을 마친 알파고가 바둑을 두는 방식은 기존의 프로 기사들과는 전혀 달랐고,

그렇기에 기보를 통한 분석과 경험치로 예측하기에는 변수가 무척 많았다. 알파고 제로는 36시간의 학습만으로도, 이세돌 9단과 대국을 했던 버전의 알파고를 상대로 100번 대국을 해서 100 대 0으로 가뿐하게 이길 정도로 그 성능이 압도적이었다고 한다. 그리고 현재 바둑계에서는 이 결과를 거울삼아 오히려 인공지능으로부터 바둑을 배우고, 대결을 복기하는 데에도 AI를 적극적으로 활용하고 있다고도 한다. '기초부터 배워 나가야 응용도 할 수 있다'는 기존의 관념을 깬 이 사례는 AI의 저력을 단적으로 보여준다.

한편, 인공지능에 대한 대중의 인식이나 기대는 기술의 발전만큼 빠르게 뒤따르지 않았다. 전 세계 사람들을 깜짝 놀라게 했던 이 대국 때만 하더라도 인공지능은 사람들이 하기 어려운 일들을 대신 해주는 보조 장치 정도로만 인식되었고, 창의성이 필요한 예술이나 새로운 무언가를 창작하는 것은 인공지능이 대체하지 못할 것이라고 생각했었다. 그러나 지금, 인공지능은 가장 먼저 음악, 사진, 영상 등 창의적인 아이디어가 필요한 부분들에 자리하며 그 편견을 보란 듯이 깨 나가고 있다. 더 나아가 친구, 연인, 상담자의 자리까지 꿰차버렸다.

인공지능과 잘 소통하는 법

챗GPT 등 AI 서비스를 이용하는 것이 일상이 된 이런 세상에서 우리가 망각하는 것이 있다. 인공지능이 '사람이 아니라는 것'이다. 실제로 챗GPT-4o 버전은 굉장히 착하게, 감성 가득하게 답변을 해주는 것으로 정평이 나 있었다. 약간 과할 때는 '아부를 한다', '아첨꾼이다'라는 평도 있을 정도였다. 하지만 많은 이들은 마치 내 편처럼 따뜻하게 답변해 주고 응원과 격려를 아끼지 않던 4o 버전에 열광했다. 그다음 버전인 챗GPT-5는 감성을 배제하고 사무적으로 답변을 해주는 것으로 변경이 되었는데 이에 대해 세계적으로 사용자들이 따뜻한 GPT를 돌려달라는 운동이 일어났을 정도로 말이다.

즉 우리는 머리로는 AI 서비스의 답변이 사람이 주는 답이 아닌 것을 알더라도, 마음속 어딘가에서는 AI라도 따뜻하게 대해주기를 바라는 것일지도 모른다. 실제로 많은 이들이 지금 이러한 챗GPT를 비롯한 생성형 AI 서비스를 단순히 질문에 대한 답변을 주는 서비스 정도를 넘어, 연인, 친구, 상담자, 개인 비서 등 다양한 방식으로 활용을 하고 있다. 단순한 일정짜기부터, 감정 정리 상담, 쇼핑, 심지어는 개인 식단과 운동 플랜을 짜기 위한 수단으로서 사용하는 것이다.

이토록 다양하게 활용을 하고 있기에, AI에게 맞춤형으로 소통하는 방식을 잘 아는 것이 무척 중요하다. 그러나 다시 한 번 말하지만, AI는 사람이 아니다. 그래서 따뜻하게 답변해 준다고 사람에게 하듯 소통해서는 안 된다. T인 친구와 F인 친구에게 같은 이야기를 들어도 반응을 다르게 해주는 것처럼, AI에게도 그에 맞는 태도로 소통을 해야 한다. 사람이 아닌 AI와 소통할 때는 감성적 소통보다 구조적 소통이 효과적이다. 그걸 우리는 '프롬프트'라고 부른다.

대화창에 입력하는 말들을 우리는 사람에게 하는 것처럼 다소 모호하게 할 때가 있다. 가령, "예쁜 인테리어 추천해 줘"라고 한다면 AI는 피상적이기만 할 뿐, 별다른 의미는 없는 답변을 줄 것이다. 대신 "내가 방을 새로 꾸미려고 하는데, 침대와 책상, 옷장 정도만 마련하고 싶고, 화이트 톤으로 꾸미고 싶은데 인테리어를 추천해 줄래? 인테리어 시안도 글로 적어 주고, 추천 제품들의 구매 리스트 링크도 정리해 줘"라고 한다면 이전 질문보다 훨씬 내가 '정말로' 원하는 답을 제공해 줄 것이다.

즉 프롬프트는 최대한 자세하게 서술하는 것이 중요한데, 명확하고 구체적으로 그리고 맥락에 맞추어 쓰는 것이 좋다. 특히 '어떻게' 자료를 찾기를 바라는지, '어떠한' 출력 형식을 원하는지를 명시하는 것이 원하는 결과를 얻기 위해 필요하다. 또한 동음이의어나 애매한 단어가 있을 수 있다. 이 경우에는 괄호를 활용해서 단어를 한 번 더 풀어주거나, 해당하는 영어 단어를 추가로 제공하는 것도 '명료화'를 위한 좋은 방법일 수 있다.

AI는 우리 생활을 어느 정도까지 변화시킬까?

AI 기술은 그 활용 방식이나 활용 가능 환경이 무궁무진하기 때문에, 하루가 다르게 우리의 삶 곳곳에 더욱 깊숙이 영역을 펼쳐나가고 있다. 업무에서도 이러한 AI의 발전은 '일'이라는 관념 자체를 변화시킨다. 그러나 어쩌면 삶에서 더욱 파급력이 크다고 느껴지는 것은 '일상'을 AI가 변화시키는 모습들을 마주할 때가 아닐까 생각한다.

꼭 필요하고 없으면 안 되지만 항상 있기에 우리가 당연하게 생각하는 공기처럼, 우리의 일상에도 이러한 일들이 있다. 대표적으로 빨래, 청소, 정리 등의 일이 있을 것이다. 1인 가구나, 요리를 하지 않는 가구들이 있더라도 빨래, 청소, 정리는 아직까지 피할 수 없는 집안일의 영역이다. 빨래를 생각해 보면, 과거에는 통돌이 세탁기를 사용했다. 선택할 수 있는 코스도 그리 다양하지 않았고, 블라우스나 셔츠 같은 재질은 상해버리기도 쉬웠다. 이후 옷감별로 세분화된 코스를 제공하고, 옷을 넣고 꺼내기도 쉬운 드럼 세탁기가 등장했다. 그리고 여름철 눅눅한 빨래를 말리는 고역을 해소하기 위한 건조기가 등장했다. 얼마 지나지 않아 세탁기 위에 타워처럼 건조기를 올려서, 세탁이 다 되면 건조를 바로 할 수도 있었다. 지금은 어떨까. 이제는 번거롭게 건조기를 굳이 추가로 살 필요가 없다. AI 세탁기를 활용하면 알아서 맞춤형 코스로 세탁을 진행하고, 건조 옵션을 체크해 두면 건조까지 알아서 완료해 준다. 마치면 휴대전화 등으로 알람을 보내주는 건 덤이다. 청소기도 마찬가지이다. 영역을 지정하고, 시간을 예약해 두고 잠시 외출했다가 들어오면 로봇 청소기가 그사이에 집을 모두 깨끗하게 청소해 둔다. 청소기에 내장된 카메라로 장애물을 절묘하게 피해 다니는 묘기는 덤이다.

이 흐름을 타고, 이제는 '피지컬 AI' 시대가 도래할 것이라고 과학자들은 예측한다. 쉽게 말해 집마다 가정부 로봇이 생긴다는 것이다. 실제로 이미 사람을 닮은 많은 휴머노이드 로봇들이 정말 사람같이 움직이는 정교함을 갖추기 시작했다. 동작 시연을 보고 있자면 경이로울 정도이다. 이 로봇들은 빨래가 완료되면 세탁기에서 꺼내서 옷을 개켜 정리하고, 장을 본 물건들을 알아서 냉동, 냉장으로 분류해 냉장고에 정리하는 등의 일들을 해낸다. 이러한 피지컬 AI 기술은 우리가 생각지도 못한 사이에 빠르게 우리의 일상에 자리 잡을 것이다. 사람 크기의 휴머노이드까지는 아니더라도 어떠한 형태이든 두뇌가 AI인 로봇이 집안일을 대체하는 시대가 눈 깜짝할 사이에 찾아올 것이다.

이뿐만 아니다. 사실 일상에서 또 귀찮지만 꼭 해야 하는 일 중 하나로, 공과금 납부, 기차표 예매와 같은 일이 있다. 『홍길동전』에 나오는 홍길동의 여러 분신들처럼, 가끔은 나도 일을 대신 해주는 친구들을 여럿 만들고 싶다는 생각이 간절할 때가 있다. 기술은 인간의 필요에 의해 탄생하는데, 이러한 필요에서 나온 것이 바로 '에이전틱 AI', 쉽게 말해 AI 비서이다. 최근 오픈클로, 나노클로와 같은 에이전트를 통해 시간에 맞추어 어떤 일을 하도록 시켜 두면 자동으로 에이전트들이 일을 수행할 수 있도록 설정하는 기능들이 속속 공개되기 시작하고 있다. 아직까지는 여러 가지 제약도, 극복해 내야 할 과제들도 있으나 세상에 등장한 기술은 결국 진화와 적응을 거쳐 우리의 삶에, 일상에 자리 잡게 될 것이다.

이렇게 AI 기술은 지금도 그리고 앞으로도 우리의 일상에, 삶 깊숙한 곳에 굳건히 자리 잡을 것이다. 그러나 활발한 활용과는 달리, AI라는 기술의 특성에 대해서 우리는 실은 잘 알지는 못한다. 과학적으로, 공학적으로 정확하게 어떤 원리에 의해서 AI가 마치 내 마음속에 들어갔다 나온 것처럼 마음에 쏙 드는 대답을 해주는지는 잘 알지 못한 채로 기술의 이기를 사용한다는 것이다. 사실 이런 건 비단 AI뿐만이 아니라, 거의 모든 요 근래의 기술을 대할 때의 우리의 자세가 아닐까 싶다. 스마트폰도, 인터넷도, IoT도, 우리는 그저 누리기만 할 뿐 실상 그 정체는 잘 모른다. 나의 최고의 절친에 대해서 실은 이름만 알고 취미도, 사는 곳도 모르는 것과 같은 것이다.

그렇다 보니 의도치 않게 우리는 AI가 제공하는 환상에 휩싸여 버릴 때가 있다. AI는 마치 언제나 진실만을 말해주는 이 세상의 수호자 같지만 현재까지의 기술로는 절대 아니다. AI는 다양한 정보를 습득해서 이를 바탕으로 우리가 질문한 무엇인가에 대한 답을 제공하는데 이때 기본 정보 자체가 언제나 참일 것이라는 보장도 없을뿐더러, AI가 학습하는 과정에서 논리적 오류를 가지고 습득을 했을 수도 있다. 쉽게 말해 그저 누군가의 의견에 불과한 블로그에서의 정보를 사실인 양 다루거나, 사실을 받아들이는 과정에서 왜곡을 해버리는 과정이 존재할 수밖에 없다.

그렇기에 AI가 제공하는 정보를 '진짜' 정보인지 한 번 더 확인하는 것이 필요하다. 그런 과정이 없이 무작정 받아들이게 되면 자칫 AI가 보여주는 '가짜 세상'에 현혹되어 버릴 수 있기 때문이다. 실제로 'AI 사이코시스'라는 새로운 정신질환이 많이 보고되었다고 한다. AI를 통해 신의 목소리를 들었다든지, AI와 몇백 시간 정도 대화를 하면서 수학 난제를 풀고, 물리 방정식을 새로 개발했다고 말하는 이들이 생겨나기 시작했다.

이에 대해 실제로 챗GPT를 비롯한 생성형 AI 서비스에서는 사용자의 대화를 분석해서 현실과 비현실을 구분하지 못하는 망상 단계이거나, 정서적 위험을 감지했을 때 119를 비롯한 전문 상담 기관의 전화번호를 제공하여 '인간 전문가'에게 연결될 수 있도록 대응하는 프로토콜을 의무화해 나가고 있다.

다만 여기에서 조금 아이러니한 부분은, 정서적 지원을 받기 위한 상담 비용이 높고, 예약이 어렵고, 혹은 개인적인 고통을 털어 놓기 어렵다는 여러 가지 이유로 현대 사회에서 AI를 정신적 지원을 위한 '상담가'로 이용하는 이들이 많다는 것이다. 이미 많은 이들이 AI에게 어떠한 방식으로든 조언을 구하고 있다. 그리고 이렇게 정서적으로 어려움이 있거나, 혹은 필연적으로 사람보다 생성형 AI와 더 많은 대화를 할 수밖에 없는 환경에 놓인 이들이라면 조언을 듣는 과정에서 혼란에 빠지지 않도록 객관적인 '인지'를 가지고 있어야 한다는 것을 반드시 유의해야 한다. 하지만 이건 말이 쉽지, 무척 어려운 일임이 분명하다. 실제로 이런 'AI 사이코시스'를 진단받은 이들 중 직업이 이러한 생성형 AI에 많이 노출되는 '엔지니어'가 많다는 것이 이런 아이러니한 점을 단적으로 보여주는 예시라고 할 수 있다.

AI 시대, 결국에 가장 필요한 것은?

'문해력'이라는 말을 들어보았을 것이다. 실제로 요즘 들어서 꽤 중요한 요소로 대두되고 있는 가치 중 하나가 아닐까 생각을 한다. 글보다는 영상으로 정보를 얻는 것이 익숙해지면서, 그리고 진득이 앉아서 무언가를 읽고 깊이 사유하기보다는 SNS의 짧은 글이나 영상으로 즉각적으로 자극적인 정보를 얻고 나누는 것에 적응되어 가면서, 글만 보고는 그 뜻을 짐작하기 어렵다고 느끼는 경우도 생겨나는 듯하다. 대표적으로는 '금주 일정'이라고 했을 때 이번 주가 아니라, 술을 마시지 않는 일정이라고 생각한다든지, '2틀', '4흘' 이렇게 표기를 하고, 같은 맥락으로 사흘을 4일이라고 생각하는 등의 일들은 이제 무척 놀랍다기보다는 종종 볼 수 있는 사회적 현상이 되어버렸다.

하지만 사회적 현상이라고 치부해 버리고 넘기기에는 좋은 문해력을 갖추고 있다는 것은 AI와 함께하는 일상에서 분명한 무기가 될 수 있다. 바로 'AI 환각' 때문이다. AI 환각은 챗GPT와 같은 생성형 AI 프로그램에서 비일비재하게 일어나는 현상이다. 사실과 다른 정보를 그럴듯하게 꾸며내서 진짜인 것처럼 말해주는 것이다. 초기 모델에서 일어난 '세종대왕 맥북 던짐 사건'이 아주 대표적인 AI 환각의 예시이다. 이런 환각이 일어나는 이유는 AI가 문제에 대한 답을 내기 위해서 다양한 층위를 거치기 때문이다. 흔히 '블랙박스'라고 말하는 이 영역에서 AI는 답을 찾아가다가 원래 가지고 있던 질문지를 잃어버릴 때가 있다. 그 결과가 우리에게는 사실과 다른 정보 제공으로 돌아오는 것이다. 그래서 최근 업데이트되는 생성형 AI 모델들의 경우, 이 환각을 최대한 막기 위해 원래의 질문지를 잘 들고 답을 찾으러 돌아다닐 수 있도록 설계를 하게 된다.

기술의 발달에 따라 AI 환각이 어느 정도 개선은 될 것이다. 그러나 AI가 본질적으로 가지고 있는 '블랙박스'의 문제는 여전히 존재한다. 우리가 던지는 질문에 대해 어떻게 사고과정을, 연산과정을 거쳐 답을 냈는지 명확하게 알 수 없다는 것은, 우리가 얻은 답이 명확히 언제나 정답이 아닐 수도 있다는 것을 의미하기도 하니 말이다.

이는 바꾸어 말하면, 우리에게 있어 '진짜 사실'이 무엇인지를 알 수 있는 능력이 중요해진다는 것이다. 뛰어난 가죽 장인들은 가죽을 보기만 해도 어떤 가죽인지 그리고 진짜 가죽인지를 알 수 있다고 한다. AI는 가죽을 대신 사다 줄 수도 있고, 좋은 가죽이라며 소개도 해줄 수 있다. 그러나 이에 대해 그 말이 정말 맞는지, 그리고 정말 원하던 가죽의 퀄리티인지 보증하는 것은 여전히 그 가죽을 사용하는 가죽 장인, 즉 우리의 몫으로 남아 있다는 것이다.

이에 대해 개인적으로는 앞으로 다가올 미래와 연관 지어 생각해 본 적이 있다. 지금의 사회는 '빈부격차'가 살아가는 여러 가지 요소를 결정짓는 큰 키워드라고 생각한다. 내 또래 친구들은 더 이상 집을 사기 위해서 돈을 모으지 않는다. 월급을 모아서는 집을 살 수 없기 때문이다. 대신 주식이나 코인, 부동산 등으로 부가적인 수입을 얻는 것을 차라리 꿈꾸는 듯하다. 반대로 어떤 친구들은 이미 집을 가지고 있다. 그리고 월급 등으로 추가로 얻게 되는 자산을 활용해 다른 사업을 시작하는 등, 꾸준히 수익 구조를 확장해 나가며 더욱 격차를 벌린다.

조금 지나면, '정보 격차'가 이렇게 사회적으로 크게 대두될 것이라고 생각한다. 챗GPT 등을 활용하면 어떤 정보라도 손쉽게 얻을 수 있기에 정보 격차가 가장 큰 문제가 될 것이라는 게 바로 와닿지 않을지도 모른다. 지금은 언제 어디서든 편하게 대화창에 질문을 입력하기만 해도 전 세계의 정보를 바로 얻을 수 있기 때문이니 말이다. 그러나 만약 어느 순간, '검증된 진짜 정보'를 얻기 위해서는 천문학적인 구독료를 내야 하고, 저렴한 버전 혹은 무료 버전은 어느 정도 환각이 섞인 정보를 감수해야 한다면? 이때부터는 정보 격차가 사회의 흐름을 좌지우지하는 가장 중요한 열쇠가 될 것이다.

그렇다면 이런 사회에서 가장 중요한 것은, 앞에서 언급했듯 '문해력', 그중에서도 'AI 문해력', AI 리터러시가 될 것이다. 정보의 홍수 시대를 지나서, 정보는 범람하고 있고, 생성형 AI가 습득하고 동시에 생성하는 막대한 정보로 이제 어떤 것이 진짜이고 가짜인지 분별하기도 어렵고, 정말 '알짜배기' 정보에 접근하는 것조차 어려워지고 있다. 최근 한 콘텐츠 제작자가 챗GPT를 활용해서 항공권 구매의 숨겨진 정보를 파악하는 프롬프트를 통해 150만 원 정도 되는 항공권을 13만 원 정도의 가격에 구매했다는 기사가 그 대표적인 예일지도 모른다. 웹 서핑을 통해서 정보를 찾으려면 적합한 키워드를 잘 조합해서 검색창에 입력하는 것이 중요하다. '키워드'에 한정되다 보니 찾고자 하는 것이 명확하게 결과로 나오지 않을 때도 많다. 게다가 정보량 자체가 하루가 다르게 방대하게 늘어나고 있기에 하나씩 확인하는 데 많은 시간이 소모된다. 반면 챗GPT 같은 생성형 AI는 문장형으로 편하게 원하는 내용들을 길게 입력해도 된다는 장점이 있고, 웹 서핑보다 단연 빠르게 결과물을 얻을 수 있다. 이 때문에 요즘은 웹 검색에서도 'AI 제안 결과'가 최상단에 자리할 때가 많다.

AI는 무척 빠른 속도로 우리 '뇌'가 해야 할 일들을 대신, 기꺼이 도맡아 해준다. 마치 천사 같은 얼굴을 하고서 말이다. 그런데 이 AI가 사실만을 솔직하게 이야기해 주는 것은 아니라는 걸 우리는 꼭 기억해야 한다. 지금 내게 보여주는 모습이 진짜 천사의 모습인지 혹은 우리를 혼란에 빠뜨리는 왜곡된 정보를 알려주고 있는 천사 '가면'을 쓴 모습인지를 명확하게 분별하는 것이 중요하다. 이걸 가능하게 하는 것이 바로 AI 리터러시이다. AI가 제공하는 정보를 맹목적으로 수용하는 것이 아닌, 정말 믿을 만한 정보인지, 출처는 어디인지, 기존에 가지고 있는 지식과 맥락상 충돌되는 부분은 없는지 등 비판적인 시각으로 AI를 활용하는 것이 중요한 것이다.

AI가 일상을 편리하고 윤택하게 변화시켜 주고 있음은 확실하다. 그러나 완벽하지 않다는 것과, 결국 이 기술도 사람이 만든 것이라는 것을 인지해야 한다. 우리의 일상에서 AI 기술을 현명하게 사용하는 방법을 먼저 알고, 스스로의 기준을 가진 채로 AI에 의해 살아가는 삶이 아닌, AI를 '활용'하며 살아가는 것이 앞으로 더욱 중요해질 것이다.

AI가 변화시키고 있는 일터

AI의 등장은 일상뿐만 아니라, 우리의 일에도 크고 작은 변화를 가져왔다. 이미 2025년 기준, 직장인들의 절반 이상이 이러한 생성형 AI를 활용하고 있다고 한다. 그리고 그 추세는 지금 이 글을 읽는 순간에도 높아지고 있으며, 단순히 AI를 활용하는 시간의 증가뿐만 아니라 AI 자체의 생산성, 그리고 업무에 활용할 수 있을 기능들이 확장되면서, 신입 혹은 주니어 단계의 일은 AI로 대체할 수 있을 정도라는 이야기까지 나오고 있다.

이제는 AI의 모체이기도 한 개발 업무나, AI 모델링을 하는 업무도 컴퓨터공학 전공자가 아니더라도 투입되는 경우가 있다. 불과 최근까지도 개발 업무는 '코딩'을 할 수 있다는 것이 전제가 되어야 했다. 그러나 지금의 개발 업무는 컴퓨터 공학을 전공하지 않은, 어떤 분야의 공학 전공자라고 할지라도 자신이 가지고 있는 공학적 지식을 바탕으로 AI의 도움을 받아 개발 업무를 하는 것이 어느 정도 가능해졌다. AI에게 "Python 언어를 활용해서, 어떤 기능을 할 수 있도록 하는 코드 틀을 구현해 줘"라고 입력하면, AI는 무척 상세하게 전용 툴을 사용해서 코드를 제공해 주고, 각 코드의 의미도 설명해 준다. 이를 통해 공학 지식을 기반으로 AI의 도움에 힘입어 스스로 프로그램 개발이 가능해진 것이다.

AI는 이렇게 회사 업무에만, 프로그램을 만들 때에만 유용한 것이 아니다. 크리에이터로서 살아가는 많은 이들에게도, 더 나아가 어떤 직종에서 종사하더라도 다양한 종류의 생성형 AI 툴은 더없이 유용하다. 예전에는 사진을 활용하려면 저작권이나 초상권을 신중하게 고려해야 했다. 그뿐만이 아니다. 편집기술이 없다면 '멋들어지게' 무엇인가를 만들기란 무척이나 어려운 일이었다. 도저히 스스로 할 수 없어서 전문가의 도움을 받아야 하는 순간들도 왕왕 있었다.

이러한 진입장벽을 타파해 주는 것이 바로 생성형 AI 툴이다. PPT를 비롯한 미적으로 무척 잘 만든 발표자료부터, 사진과 영상까지! 프롬프트를 통해 구체적으로 그리고 세세하게 묘사를 하기만 하면 AI는 사람이 만들지 않은 영상이라고 느끼기 어려울 정도의 높은 퀄리티로 제작물을 만들어 준다.

연구에도 이러한 AI 도구들은 무척 다양하게 활용되고 있다. 개인적으로 가장 큰 차이라고 느끼는 점은 AI를 통해 언어의 장벽이 부서졌다는 것이다. 나는 AI가 지금처럼 활성화되기 전에 대학원에서 연구를 했던 경험이 있다. 불과 몇 년 전이지만, 그때는 아직 AI 기술이 일상에서 거의 활용되기 전이었다. 대학원에서 가장 많이 하는 일 중 하나는 아마 학술논문을 읽는 것일 것이다. 이 논문들은 대부분 영어이고, 그렇기에 당시에는 영어에 자신이 없는 이들이 인터넷의 '번역' 기능을 통해 문단 단위로 복사를 해서 논문을 읽었다. 당연히 논문을 읽는 속도가 느렸고, 맥락을 고려한 해석이 아니었기에 직관적으로 번역문을 읽고 내용을 명확히 파악하기도 쉽지 않을 때가 많았다.

그뿐만이 아니다. 만약 논문을 써야 한다면? 읽는 것도 어려운데 영어로 작문을 하는 건 더 어려운 일이었다. 그래서 많은 대학원생들은 자신의 논문 초안을 우선 한글로 쭉 써둔 다음에 마찬가지로 구글 번역 등의 기능을 통해 말 그대로 '번역'을 하는 과정을 한 번 더 거쳤다. 말은 '아' 다르고, '어' 다른 구석이 있기에 학문적으로 문장과 문맥별로 적절한 단어를 사용하는 것이 무척 중요하다. 그러나 번역기는 그 정도의 능력치를 갖추고 있지 못했기 때문에 영어 사전에 검색을 해보며 단어별로 교정하는 과정을 거쳐야 했다. 돈을 내고 영문 교정을 여러 차례 받기도 했는데, 그렇게 하더라도 표현하고자 하는 바를 100% 다 담지 못했다는 아쉬움이 조금은 남는 경우도 있었다.

그러나 지금은 어떤가. 요즘은 특정 서비스에서는 논문의 링크만 붙여 넣으면 알아서 한국어로 번역해서 PDF 파일로 만들어 주는 기능도 제공한다. 챗GPT에는 논문 파일을 업로드하면 그 논문의 주요한 내용까지 키워드별로, 맥락별로 분석해서 제공한다. 논문을 '읽는 것'부터 무척이나 빨라진 것이다. 심지어 논문을 직접 웹 서버를 통해 찾지 않고, 챗GPT 등 생성형 AI 서비스 프롬프트에 적절한 키워드를 입력해서 논문을 찾아달라고 하는 것도 가능하다. 초기 버전은 없는 논문을 추천을 해주기도 했지만, 지금은 무척 높은 정확도로 키워드만 입력하면 직접 찾는 것보다 훨씬 빠르고 정확하게, 원하던 논문을 찾아주기도 한다.

게다가 한글로 원문을 작성한 뒤 프롬프트를 통해 어떤 분야의 논문이고, 어떤 맥락으로 작성하는지를 알려주고 번역을 요청한다면 단어까지도 이전의 '구글 번역' 기능보다는 훨씬 더 전문적으로 매칭하여 결과를 제공한다. 논문을 '쓰는 것' 또한 훨씬 더 쉽게 접근 가능해졌다.

이뿐만 아니다. AI가 대체할 수 없는 업무가 과연 있을까 라고 생각될 정도로 많은 직업인들은 각자의 자리에서 우려를 하고 있다. 내가 알고 있는 거의 모든 분야의 직장인들은 AI가 인간의 영역을 어디까지 대체할지를 조금씩 걱정하고 있다. 일러스트나 영상 분야에서도 AI가 만들어 내는 생산물이 해마다 얼마나 정교하고 현실감 있게 '진화'하고 있는지 우리는 체감하고 있다. 법조계에서도 법률 자문을 AI를 활용해 진행하는 사례가 늘어나고 있고, 의료나 신약 개발 분야도 AI 기술을 활용한 단백질 구조 예측, 유전체 분석, 이미지 분석 등이 이루어지고 있다. 어느 한 분야에 국한된 것이 아닌 우리가 살아가는 거의 모든 '일'의 순간에, 어느덧 이토록이나 AI는 깊숙하게 침투한 것이다.

프로그래밍 언어를 몰라도 코딩을 할 수 있다?

한때 '컴퓨터공학과'가 가공할 만한 인기를 누렸던 적이 있다. 개발자를 채용하는 시장은 새로운 인력을 대거 채용했다. 모든 업무에서는 '디지털 전환'을 부르짖었다. 검색, SNS,

쇼핑, 금융, 배달 등 모든 것이 쉽고 빠른 UI, UX를 적용하면서 직관적으로, 그리고 어디에서나 편리하게 사용할 수 있는 환경이 구축되던 시기가 있었기 때문이다. 그러나 이로부터 채 몇 년도 지나지 않은 2026년 현재, 개발 업무의 성격이 완전히 변하고 있다. 단순히 프로그램을 잘 설계해서 최적화된 코드를 구현하는 것보다, 이제 많은 개발자들은 AI가 만들어 준 코드를 검증하고, 기획하는 '관리자'로 기능한다.

이와 더불어, 프로그래밍에는 또 하나의 중요한 전환기가 도래했다. '코드'에 대한 이해의 부담을 AI가 일부 짊어져 주게 되면서 프로그래밍의 진입장벽이 낮아졌다는 것이다! 나의 경우로 예시를 들어보자면, 학부 때 모 연구소에서 인턴을 한 적이 있다. 당시 데이터를 받아서 분석하고 분류하는 프로그램을 만들어야 하는 것이 미션이었는데 문제는 내가 사용해야 하는 프로그래밍 언어인 '파이썬'을 모른다는 것에 있었다. 그래서 나는 파이썬이라는 프로그래밍 언어를 마치 영어, 일본어 등 모르는 언어를 새로 배우듯이 독학했다. If문, for문, print 등 다양한 기능을 활용하기 위한 문법도 배웠다. 그렇게 '언어'에 대한 공부를 마치고 나서야 프로그램을 어떻게 만들지 설계를 하고, 한 줄씩 직접 입력하며 코드를 채워나갈 수 있었다.

이렇게 눈물 나는 긴 여정을 이제는 거치지 않아도 된다.

실제로 그 후 몇 년 뒤 나는 '웹 페이지'를 만들어야 했다. 역시 이때도 웹 페이지 개발은 처음이었고, 잘 아는 바가 없었다. 그러나 몇 년 전처럼 책을 읽으며 하나하나 기초부터 배워나가는 단계를 생략하고, 나는 원하는 바를 명확하게 적어서 AI에게 질문했다. 그리고 코드의 틀을 받았다. AI가 제공해 준 코드에는 심지어 주석, 즉 한 줄마다 어떤 기능을 하는 코드인지까지 친절하게 적혀 있었다. 물론 여전히 공부가 필요하기는 했으나 코드의 틀이 주어진다는 것은 심적으로 훨씬 편하게, 그리고 실질적인 시간도 훨씬 적게 들이면서 '프로그래밍'이라는 것에 다가갈 수 있겠다는 경험을 했다.

나뿐만이 아니다. 실제 많은 이들이 컴퓨터공학 전공자도 아니고, 심지어 하는 업무도 개발 업무가 아님에도 업무의 적재적소에 '프로그래밍'을 활용하고 있다. 초등학교 학생들에게 조금 더 쉽게 수학을 알려주기 위해 코딩을 통해 '게임'을 만드신 선생님, 새로 얻은 데이터만 입력하면 기존 데이터와 합쳐져 분석이 되도록 하는 자동화 프로그램을 만든 직장인 등 활용 방식 또한 무궁무진하다.

이런 형태의 개발을 '바이브 코딩'이라고 한다. AI와 팀을 이루어서 프로그램을 개발한다고 생각하면 된다. 앞의 예시처럼, 정확하게 원하는 프로그램의 형태를 글로 표현하는 것이 중요하다. 최대한 세세하게 가능한 한 모든 변수들을 다 알려 주는 것이 좋다. 그리고 코드 틀을 주면 해당 코드를 테스트해 보고, 원하는 부분들이 잘 구현이 되었는지 확인해 보면 된다. 원하는 바와 차이가 있으면 그 부분을 어떻게 수정하면 좋을지 또한 AI에게 알려주면 된다. 마치 정확하게 파트너와 함께 일을 하는 과정이라고 생각하면 되는 것이다.

심지어 테스트를 어떻게 해야 할지 모르겠다면 그 부분들까지 질문해 가며 진행하면 되니 진입장벽은 거의 무너졌다고 봐도 무방하다. 프로그래밍 언어를 아예 모르는 초등학생도 바이브 코딩을 통해 게임을 만들었다는 뉴스 기사를 심심치 않게 볼 수 있을 정도로, 이 방식은 혁신적이다.

그러나 여전히 바이브 코딩을 하더라도 기본적인 프로그래밍에 대한 지식을 쌓는 것은 병행이 필요할 수 있다. 어른들이 하시던 말 중, '요리를 잘하는 사람이 요리를 시키는 것도 잘한다'라는 이야기를 들었던 적이 있다. 저 말의 요지는 잘 알아야 잘 시킨다는 것이다. 프로그램을 만드는 코딩의 과정도 일견 '돌아가면 됐지!' 정도로 생각할 수도 있겠지만, 어떤 알고리즘으로 구현하느냐에 따라 프로그램 처리 속도가 천차만별이라는 함정이 숨어 있다. 적어도 효율적인 알고리즘이 중요하다는 사실이라도 알고 있어야 AI에게 '최적의 알고리즘을 채택해서 코드를 구현해 줘' 정도의 질문이라도 던질 수 있는 것이다.

프로그래밍에 대한 약간의 배경지식과 함께 AI의 도움을 받아서 어쨌든 자유로운 코딩을 할 수 있는 시대가 이미 찾아왔다.

0과 1밖에 모르는 컴퓨터가 사람처럼 생각할 수 있게 된 이유

이러한 엄청난 변화는 우리의 삶을 다각도로 엄청나게 변화시키고 있는데, 정작 '어떻게' 가능한 것인지 우리는 잘 알지 못한다. 이 거대한 변화는 '컴퓨터가 사람처럼 생각하게 하려면?'이라는 하나의 작은 질문에서부터 시작했다.

그렇다면 사람은 어떻게 생각할까? 당연하겠지만, 사람은 '뇌'에서 보통 생각을 하게 된다. 이 지점에서 AI가 만들어졌다. 바로 사람의 뇌를 따라 하겠다는 원대한 꿈을 가지게 된 것이다. 뇌의 다양한 요소들 중에서도 생각을 하는 데 필수적인 요소는 다름 아닌 '신경망'이다. 이 신경망에 대해 간단히 이야기해 보자면 일종의 '고요 속의 외침' 게임의 확장판이라고 생각하면 좋다. '고요 속의 외침'이라는 게임은 아주 큰 노래가 나오는 헤드폰을 끼고, 앞사람이 전달하는 단어를 뒷사람에게 전달하는 게임이다. 그래서 마지막 사람이 맨 처음 말한 단어를 그대로 따라 말하면 승리하게 된다.

확장판이라고 말한 이유는, 실제 신경망에서는 앞사람이 한 명만 존재하는 것이 아니기 때문이다. 신경망에서는 앞사람이 여러 명 존재한다고 생각할 수 있다. 앞에서 여러 명이 말한다면 뒷사람 입장에서는 받은 여러 개의 신호를 취합해서, 하나의 신호를 다음 단계에 전달해야 할 것이다. 이때 앞사람이 세 명이라고 가정해 보면, 어떤 이의 신호는 그냥 무시될 수도 있고, 어떤 이의 신호는 꽤 정확하다고 여겨져서 높은 가중치를 줄 수도 있을 것이다.

이 원리가 AI를 개발하기 위한 '인공신경망' 원리에 해당한다. 그렇다면 왜 컴퓨터에서 굳이 이렇게 인공신경망을 사용할까? 여기서부터는 잠시 수학적인 계산이 조금 필요하다. 우선 잘 알려져 있듯이 컴퓨터는 오직 0과 1만 알고 있다. 0과 1의 신호만을 넘겨줄 수 있는 것이다. 그런데 신경망을 적용한다면? 앞사람이 3명이라고 하면 우선 각 사람마다 0이나 1을 넘겨줄 수 있다. 그리고 받는 사람의 입장에서는 첫 번째 앞사람의 신호에 2를 곱하고, 두 번째 사람의 신호는 무시해 버리고, 세 번째 사람의 신호에는 -1을 곱하는 것이 가능할 것이다. 그리고 이렇게 다양한 연산을 할 수 있다는 것은 0과 1만으로 다양한 숫자를 표현할 수 있다는 것을 의미하고, 더 나아가 사람의 뇌처럼 복잡하게 생각할 수 있게 된다는 뜻이다.

업무에서 AI는?

AI는 사실 그 원리를 파헤쳐 보면 거의 9할은 수학이다. 그래서 챗GPT를 사용했던 경험이나 파이썬 같은 프로그래밍 언어로 'Hello World'를 입력해 본 경험들만으로 AI 알고리즘에 대해 공부하려고 하면 생각보다 급격히 높아진 수학 난이도에 흠칫 놀랄지도 모른다.

만약 어떤 이미지를 보고 고양이인지 아닌지 판단을 하는 AI 모델을 만들어 본다고 해보자. 모델을 만들기 위한 AI 알고리즘의 수식적인 개념부터 이해를 한 뒤, 어떻게 해야 대상이 고양이인지 아닌지 판단할 수 있을지 복잡한 수식을 세우고 그것을 코드로 구현하는 과정들은 생각만 해도 엄청난 일일 것이다. 게다가 실제로 업무에 적용하는 정도의 기능을 구현한다고 하면 그건 단순히 고양이냐 아니냐를 판별하는 것 정도보다 훨씬 복잡할 것이다.

그래서 인류는 '상부상조'의 정신으로 프리트레인드 모델pretrained-model을 만들었다. 이 프리트레인드 모델은 쉽게 말하자면 이미 이 세상에 나와 있는 가능한 한 많은 사진들을 학습해서 보기만 해도 고양이인지 강아지인지는 거뜬하게 분류할 수 있을 정도의 성능으로 만들어 놓는 것이다. 비유하자면 '코인 육수' 정도일 것이다. 물론 다시마도 넣고, 파도 넣고, 양파 껍질도 넣는 등 갖가지 재료를 공수해 와서 넣어서 깊은 맛을 우려낼 수도 있을 것이다. 하지만 요리의 단계가 너무 복잡하기 때문에 육수부터 다 낸다고 생각하면 갑자기 아찔해지는 기분을 느낄 수 있을 것이다. 그때 코인 육수를 하나 톡 넣어준다면? 엄청난 양의 노동력을 절약할 수 있음과 동시에 뒷부분의 요리 단계에 더욱 힘을 쏟을 수 있을 것이다.

실제로 업무에서도 ResNet18, BERT, ImageNet 등의 프리트레인드 모델을 사용한다. 바꿔 말하면, AI 기술은 날이 갈수록 매우 복잡다단해지고 있지만, 어느 정도의 중간단계를 건너뛸 수 있게 해 주는 손쉬운 방법들도 생겨나고 있다는 것이다.

AI가 바꾸어 놓을 앞으로의 업무 미래

AI는 앞으로 AGI로 변화할 것이라고 이야기한다. 피카츄에서 라이츄로 넘어가는 것처럼, 다음 단계로 진화하는 셈이다. AI는 인공지능Artificial Intelligence의 약어이고, AGI는 범용 인공지능Artificial General Intelligence의 약어이다. AGI에는 중간에

General, 즉 '일반적인'이라는 단어가 끼어 들어간다는 차이가 있다. AGI 시대가 오게 되면, AI의 다음 세대 격으로, 인간과 동등한 수준의 비판적 사고, 학습, 문제 해결 능력을 갖출 것이라고 예측된다.

예전에는 전화를 걸기 위해서 전화를 중간에서 연결해 주는 전화교환원이라는 직업이 있었다. 버스에서 안내를 해주는 버스안내원이라는 직업도 있었다. 지금은 없는 직업이다. 직업은 시대의 변화를 그대로 반영한다.

AI 시대가 도래하면서 실은 꽤 많은 직업의 성격이 조금씩, 점차 변화하고 있다. AGI의 시대를 예측하는 많은 이들은 AGI는 'AGI agent'로 기능할 것이라고 예측한다. 회사로 치면 그래도 저연차의 업무까지는 처리할 수 있으리라 예측하는 것이다.

이러한 시대에서 우리는 그럼에도 업무에서의 안전성과 통제력을 확보하는 것이 중요하다. 또한 기술을 개발하는 측면에서는 어느 한 영역에만 선택적으로 AGI를 활용하는 것이 아니라 사회 각 영역에서 이 기술들이 골고루 발전할 수 있도록 개발하는 것 역시 중요하다.

특히 AI, 그리고 이로부터 파생된 여러 기술들을 맹목적으로 받아들이기보다 조금 더 객관적인 자세로 받아들이는 것이 중요하다. 앞서 바이브코딩이나 프리트레인드 모델을 이야기했다. 즉 이렇게 프로그래밍 자체의 패러다임이 전환되면서, AI에 의해 새롭게 생성되는 프로그램의 양도 급증하고 있다고 한다. 이렇게 되면 다양한 프로그램이 생기는 것이니 좋겠다고 생각할 수 있겠지만 마냥 그렇지도 않다.

AI를 활용해 업무를 하게 되면 AI가 동작하는 동안 기다리는 시간이 필요하다. 그래서 그사이에 우리는 '멀티태스킹' 식으로 다른 업무를 끼워 넣게 된다. 그러면서도 사이사이 AI가 에러 없이 잘 실행되고 있는지 확인이 필요하다. 또한 기존에 혼자 처리했다면 하기 어려웠을 영역의 업무까지 확장하여 업무를 하게 되면서 오히려 해야 하는 업무의 영역은 더 넓어질 수도 있다. 이미 이에 따른 AI 피로를 많은 직장인들이 느끼고 있다. 업무의 부담을 많이 덜어주었다고 생각했지만, 실제로는 AI를 활용하면서 사람이 일하는 전형적인 방식과는 다른 양상으로 일을 하게 되고, 이것이 더 큰 피로를 유발한다는 것이다.

30년 전만 하더라도, '평생직장'이라는 개념이 있었다. 하나의 직종을 가지고, 하나의 회사에서 평생 일을 한다는 개념이었다. 그러나 이제는 하나의 회사는커녕, 하나의 직업으로 평생 살 수 있을지도 확신할 수 없는 세상이 되었다. 그만큼 빠르게 변화하는 세상이 되었다. 이러한 세상에서도 '지피지기면 백전불태'이다. AI를 잘 알고 미래를 대응하는 이가, AI에게 대체되지 않는 길을 찾게 될 것이다.

쇼츠와 릴스에 중독된 우리

어릴 적, 주말 저녁이면 온 가족이 텔레비전 앞에 옹기종기 모여 루틴처럼 텔레비전을 보았다. 식사와 함께 유쾌한 예능을 보았고, 뒤이어 드라마를 함께 보았다. 다음 회가 나올 때까지 한 주를 손꼽아 기다렸고, 시작한 지 얼마 안 된 것 같은데 왜 벌써 마쳤냐고 안타까워하기도 했으며, '본방사수'를 했는지 안부인사처럼 서로 묻고 다녔다.

요즘은 어떤가. 우선 본방사수라는 개념도 약해졌을뿐더러, 대략 16부작, 16시간 정도 되는 드라마라고 한다면 그걸 전부 다 볼 수도 있지만 '1시간 요약정리본'을 보는 것을 더 선호하게 되었다. 더 나아가, 요즘은 1시간짜리 영상도 길다고 하면서 1분 남짓의 '쇼츠'와 '릴스' 형태의 영상을 보는 것이 일상처럼 자리 잡았다.

이런 쇼츠와 릴스의 매력적인 부분은 원하는 것을 선택하지 않는다는 점이다. 퇴근을 하고 지친 몸을 이끌고 겨우 침대에 누울 힘만 남은 직장인이 원하는 프로그램이 시작할 때까지 시간을 맞추어 기다리지 않아도 되고, 긴 인물들의 대서사시를 보면서 그 상황에 감정이입하고 몰입하면서 추가적인 '감정 소모'를 하지 않아도 된다는 점도 무척 매력적이다. 그리고 이 중에서도 가장 핵심적인 이유는 '재밌고 자극적'이기 때문일 것이다.

그렇다. 쇼츠와 릴스는 짧은 시간 안에 최대한 자극적인 영상을 담아내는데, 이 자극이 뇌로 전달되면 도파민이 단기간에 나올 수 있다. 도파민이 나온다는 것은 우리가 짜릿한 기쁨과 쾌락을 느낀다는 것을 의미한다. 말로만 들어도 저절로 스트레스가 풀리는 물질이 아닐 수 없다. 그런데 이게 막상 듣기에는 좋아 보이지만 실상 그리 좋지는 않고 오히려 경계를 해야 하는 지점이 있다. 빵집에서 빵을 여러 개 골라서 먹는다고 생각해 보자. 도넛도 먹고, 단팥빵도 먹고 하다가 갑자기 밍밍한 호밀 바게트를 한 입 베어 물면 아무 맛도 느껴지지 않을 것이다. 쇼츠와 릴스도 마찬가지이다. 너무나 자극적인 나머지, 중독되어 버리면 우리는 일상 속에서 소소하게 느껴왔던 행복에 몹시도 둔감해져 버릴 수 있다. 일상을 살아가면서 쇼츠나 릴스를 가끔 보며 재미있는 순간으로 삼는 것이 아니라, 쇼츠와 릴스 없이는 무미건조하게만 느껴지는 일상을 버티는, 순위의 전복이 생겨날 수 있다는 것이다.

도파민, 알고 보면 두 개의 얼굴?

이렇게 쇼츠와 릴스에 중독이 되어버린 이들을 경계하고자 '팝콘 브레인', '뇌 썩음Brain rot' 등의 신조어까지 많이 만들어지고 있다. 그럼에도 여전히 짧은 영상에서 빠르게 자극을 얻으려고 하는 유행은 여전히 지속되고 있다. 그러면서 덩달아 유명세를 치르게 된 것이 바로 '도파민'이다.

일반인들만 아니라 언론에서도 "도파민 터진다", "도파민 폭발"과 같은 표현을 흔히 쓰고 있지만 알고 보면 도파민이 어떤 물질인지 잘 모르는 경우가 대부분이다. 심지어는 우리를 쇼츠나 릴스에 중독되게 만드는 '나쁜 물질' 정도로만 생각하기도 하는 것 같다. 그러나 도파민은 단순히 쇼츠, 릴스에 중독되게 만드는 나쁜 물질! 정도의 단편적인 악역으로 보기에는 무척이나 다채로운 입체적인 물질이며 몸에서 반드시 필요한 물질이기도 하다.

도파민의 가계도 혹은 역사를 먼저 살펴보면 그 정체를 파악하는 데 도움이 된다. 가계도는 무척이나 흥미로운데, 우선 도파민은 '카테콜아민'이라고 불리는 그룹에 속해 있다. 이 카테콜아민은 우리 몸의 아미노산 중 하나인 '타이로신'에서부터 합성이 되는데, 꽤 유명한 인사들이 이 그룹에 속해 있다. 바로 도파민, 노르에피네프린, 마지막으로 아드레날린이다. 먼저 이 그룹은 신체에서 '투쟁-도피 반응'을 주로 담당하며, 심박수나 혈압, 혈당과 같은 수치를 조절하게 된다. 그리고 이 중 도파민은 그 외에도 다른 여러 가지 기능을 수행하게 되는데 대표적으로 3개의 기능이 주요하다.

먼저 도파민은 운동에 관여한다. 그래서 도파민을 만드는 신경세포가 손상되어 도파민이 부족해지면 신경 퇴행성 질환인 '파킨슨 병'이 발병할 위험이 있다. 두 번째로 도파민은 '프로락틴 호르몬'의 분비 조절에 관여한다. 이 프로락틴 호르몬은 다른 말로는 젖분비자극호르몬이라고 한다. 말 그대로 출산 후 수유 과정에서 젖이 잘 나올 수 있도록 하는 호르몬이다. 이 호르몬은 도파민이 적게 나와야 많이 나오게 되고, 도파민이 많이 나오게 되면 억제가 되는 경향을 보인다. 크게 본다면 아이를 낳고, 키우는 과정에서 과하게 자극적이지 않고 편안한 상태가 중요하다고 강조한 옛 어른들의 이야기와도 일맥상통한다.

마지막으로 도파민은 우리가 익히 알고 있듯이, 동기부여와 보상에 관여하게 된다. 새로운 경험을 하거나 몰랐던 사실을 새롭게 알게 되었을 때 '짜릿하게 기분이 좋았던' 경험이 있을 것이다. 그 순간에 도파민이 많이 분출된다. 실은 도파민은 이 때문에 학업에서의 성취도나 학습 동기 부여와도 밀접하게 연관이 되어 있다. 도파민 분비 수준이 높은 이들이 새로운 것에 대한 흥미도 샘솟고 의욕도 많이 발휘가 된다는 연구 결과도 있다.

그러나 역시나 무엇이든지 과하면 독이 된다. 도파민을 무조건 많이 나오게 하는 것이 좋은 건 아니다. 오히려 일상을 망가뜨리는 치명적인 결과를 낳기도 한다. 이 지점이 앞서 언급했던, '쇼츠'와 '릴스'에 의해 야기되는 팝콘 브레인을 설명하게 된다. 쇼츠와 릴스는 짧은 시간 안에 시청자를 유입할 목적으로 만들어진 영상들이다. 그렇기에 이를 보는 시청자들은 짧고 자극적인 영상을 통해 빠르게 뇌의 도파민 분비를 촉진하게 된다. 이렇게 빠르고 쉽게 도파민이 분비돼서 쾌락이나 기쁨을 느낄 수 있다는 것에 익숙해지면 우리는 계속해서 그 자극을 갈구하게 된다. '중독'이 되는 것이다. 여기에 위험성이 있다. 쉽게 말해 내성이 생기는 것인데, 빠르게 도파민이 분비되는 과도한 자극에서 뇌는 적응을 하고자 한다. 그래서 그 적응을 위해 신경세포에서 도파민을 받아들이는 녀석인, 도파민 수용체의 개수를 줄인다. 그렇게 되면 같은 양의 도파민이 나오더라도, 수용체 개수가 줄어들어서 우리는 덜 자극적이라고 느낀다. 그 결과 더 오래 쇼츠와 릴스를 보며 하염없이 무의식적으로 다음 릴스를 올리게 되거나, 더욱 큰 자극을 추구하게 되는 악순환이 반복된다.

게다가 이렇게 자극에 의한 보상체계가 활성화되면 뇌 변연계의 편도체가 과하게 활성화되며 충동성이 강해진다. 반면, 고차원적 사고를 하는 전두엽은 기능이 저하된다. 이런 상태를 '팝콘 브레인'이라고 한다. 이 팝콘 브레인 상태에서는 뇌가 일부 손상된 상태로, 일상에서의 행복감을 잘 느끼지 못하게 된다. 그리고 이에 따른 우울감이 증가하고, 집중력도 떨어지며, 감정기복 또한 증가하게 된다고 한다.

다행인 것은 이러한 뇌의 손상이 영구적이거나 되돌릴 수 없는 것은 아니라는 사실이다. 재생 시간은 오래 걸리기는 하지만, 쇼츠와 릴스 중독을 극복하여 다시 일상을 찾아가는 과정을 통해 손상되었던 신경세포는 다시 재생될 수 있다.

진정한 행복을 찾는 법

그저 신경전달물질의 이름인 '도파민', 하지만 요즘 세상에서 이 도파민이라는 물질은 절대 간과해서는 안 될 매우 중요한 역할을 담당하고 있다. 특히 앞서 이야기했듯이 우리는 도파민이 빠르게, 많이 분비되는 상황에 이미 길들여져 버린, 중독되어 버린 경우가 대부분이다. 쇼츠와 릴스, 술이나 커피, 혹은 운이 좋게는 새롭게 무엇인가를 배우는 것의 짜릿한 기쁨이 그 원인일 수도 있을 것이다.

우리가 과식을 하면, 속이 더부룩하거나 장에서 이상 신호가 오는 등 무언가 반응이 온다. 잠을 오랫동안 자지 않으면 머리가 어지럽거나 몽롱한 기분이 드는 반응이 온다. 그러나 '뇌'는 도파민이 아무리 많이 나오더라도 그 '선'이 없다. 그렇기 때문에 분비가 과해지기도 쉬운 것이다. 현대인들은 일상의 크고 작은 모든 순간을 스마트폰과 함께한다. 사소하게는 누군가에게 연락을 할 때도, 물건을 살 때도, 이동을 할 때도 꼭 필요하다. 스마트폰을 잠깐이라도 잃어버린 기억이 있다면 무척 공감할 것이다. 즉 우리의 일상 자체가 이미 한계 없이 도파민이 분비되기 쉽고, 중독되어 버리기도 무척 쉬운 상태인 것이다.

특히 이렇게 도파민 중독에 빠지기 쉬운 성향이 있다. 호기심이 강하고 새로운 것을 추구하는 성향이 높은 사람들이다. 이들은 성향상으로도 도파민이 주는 짜릿한 쾌감을 즐기기 때문에 좋지 않은 습관들을 가지는 것을 특히 경계해야 한다. 나 역시도 호기심이 무척 강한 성향을 가지고 있다. 그래서 무언가 한번 꽂히면 그것이 새로운 과학 개념이라면 그걸 계속 파고들고, 영화라면 이 세상에 나와 있는 모든 후기를 읽어보고자 노력한다. 스스로 이런 성향을 알고 있기에 굳이 게임을 시작하지 않으려고 하고, 안 좋은 습관들을 없애려고 노력한다.

실제로 '도파민 디톡스'는 도파민 중독에서 벗어나기 위한 꽤 좋은 해결책으로 제시가 되고 있다. 뇌를 잠시라도 쉬게 해주는 것이 중요하다는 것이다. 자극을 피하고, 일상 속에서 소소한 보상에 즐거워하면서 우리 뇌는 도파민의 균형감각을 다시 찾아가게 된다.

특히 아동이나 청소년의 경우 이러한 '도파민 디톡스'는 반드시 필요하다. 뇌의 발달 과정을 살펴보면 고등한 사고에 주로 관여하는 전두엽보다, 감각적이거나 감정적 자극에 관여하는 편도체가 더 이른 시기에 발달하게 된다. 그렇기 때문에 청소년 시기는 작은 자극에도 도파민이 더 잘 분비된다. 그렇기 때문에 자극에 더 예민하고, 충동 욕구에도 더 강하게 반응하는 것이다. 특히 전두엽이 아직 발달 중인 시기이기에 도파민을 분비시키는 자극적인 미디어에 하루 2시간 이상 노출된다면 ADHD와 같은 집중력 질환을 겪을 확률이 최대 7~8배 높아진다는 미국의 연구도 있다고 한다.

또한 가장 중요한 것 중 하나는 도파민만큼이나 중요한 호르몬인 '세로토닌'을 깨워주는 것이다. 세로토닌은 기분 안정, 불안 감소, 수면 조절 등에 관여하는 물질로, '행복 호르몬'이라는 별명을 가지고 있다. 이 세로토닌은 자연 속에서 햇빛만 받아도 몸에서 합성된다. 자극에 의한 강렬한 쾌감을 안겨주는 도파민은 조금 줄이고, 대신 자연 속에서 소소하지만 진정한 휴식과 운동을 통해 찬란한 기쁨을 안겨주는 세로토닌을 좀 더 즐겨보는 것이 모든 현대인들에게 반드시 필요하다.

세로토닌을 잘 합성하기 위한 꿀팁이 하나 더 있다. 바로 트립토판을 섭취하는 것이다. 우선 이 트립토판은 세로토닌을 합성하기 위한 재료인데, 아미노산의 일종이다. 아미노산은 단백질을 이루는 단위 구조체이고, 그렇기에 단백질 음식들 중에서 트립토판이 많은 음식들을 찾을 수 있다. 그렇다. 고기, 콩, 달걀, 우유와 같은 고단백 음식들을 먹으면 트립토판 수치가 높아지고 이는 세로토닌 합성이 잘되도록 큰 도움을 주게 된다.

무엇이든지 '중도'는 무척이나 중요하다. 도파민은 무작정 배척해야 하는 나쁜 물질이 아니다. 무엇인가에 꽂히고, 흥미를 느낄 수 있다는 사실은 무척이나 감사하고 행복한 일이니 말이다. 일례로, 도파민을 극단적으로 줄이기 위해 조현병 환자들은 도파민을 차단하는 약물을 계속 복용한다고 한다. 그렇게 도파민 분비가 줄어들게 되면 무감각해지며 아무것에도 흥미를 느낄 수 없다고 한다.

또한 요즘 많은 이들이 관심을 갖고 경각심을 느끼는 성인 ADHD도 도파민 분비의 줄어듦과 밀접한 관련이 있다. 성인 ADHD는 전전두엽 기능이 떨어지기 때문에 충동 조절이 어려워 도박, 음주, 흡연 등에 중독이 되는 경우가 많고, 주의력이 결핍되어 업무에 집중하기도 어려울뿐더러, 산만하며 불안감이나 우울함을 느끼고, 사람들도 만나기 싫어하는 것이 증상이라고 한다. 그리고 그 원인은 뇌의 전전두엽에서 도파민 분비량이 낮아지기 때문이라고 한다. 그래서 실제로 성인 ADHD를 치료하기 위한 '메틸페니데이트'는 도파민 수치를 높여주는 역할을 하게 된다.

도파민이 우리에게 선사하는, 무엇인가에 행복함을 느끼고, 호기심을 느껴서 파고드는 그 면면들은 몹시 귀하고 가치 있는 순간들이다. 그 정도를 조절해서, 우리의 삶을 보다 더 나은 방향으로, 안온한 방향으로 이끌어 주는 선에서 슬기롭게 도파민과 공생하기를 바란다.

건강하게 오래오래 사는 법

의료와 의공학 기술의 발달로 인류의 평균 수명은 비약적으로 증가했다. 1970년대만 해도 60세, 즉 환갑은 장수의 상징이었기에 '환갑 잔치'를 열어 기념할 정도였지만, 요즘 60대들은 '할아버지', '할머니'라고 부르는 것이 말도 안 된다고 느껴질 정도로 외형도 매우 젊어 보이는 데다가 꾸준한 관리로 건강까지 유지하고 있다. 심지어는 "인생은 60부터"라며 인생 2막을 새롭게 준비하는 사람들도 많음을 느낀다.

의료 기술, 의약품, 각종 건강식품과 더불어 의공학의 발달은 단순히 '오래 살기'만을 가능하게 해 주는 것을 넘어서 하루하루의 삶을 보다 윤택하게 만들어 주고, 건강함과 젊음을 유지한 채로 오래도록 사는 것을 가능하게 해 준다.

모두가 사이보그인 세상

'사이보그'라는 말을 들으면 아마 SF소설이나 영화에나 자주 등장하는, 아이언맨같이 몸의 일부를 기계장치로 대체해 '탈인간' 수준의 능력을 가지게 된 무언가를 자연스레 떠올릴 것이다. 하지만 과학적으로 '사이보그'는 아이언맨 같은 히어로뿐만 아니라, 현실 세계에서도 어렵지 않게 찾아볼 수 있다.

가령 우리 주변을 살펴보면 많은 이들이 안경을 끼고 있다. 패션 때문인 경우도 있겠지만, 맨눈으로는 물체가 또렷하게 보이지 않아서 착용하는 경우가 더 많을 것이다. 이 안경은 타고난 '눈'이라는 장기의 보조 장치로서 사용된다. 똑같은 개념으로 청력을 보완해 주는 보청기, 심장의 능력을 보조해 주는 페이스메이커(인공 심박동기) 등의 장치를 착용하고 일상을 살아가는 많은 이들이 있다. 이들을 우리는 '물리적 사이보그'라고 부른다.

그리고 최근, 고령화 사회가 도래함에 따라 많은 이들은 노화에 따른 여러 기저질환을 가지고 있다. 고혈압이나 당뇨와 같은 지병들이 대표적이다. 그런데 이들은 지병이 있다고 건강하지 않다고 여기거나 일상생활을 포기하고 누워만 있지 않는다. 대신 정기적으로 약을 챙겨 먹거나 주사를 맞고, 이

외의 순간에서는 지병에 의한 큰 제약 없이 일상을 평안하게 잘 살아간다. 즉 화학적인 약물을 정기적 또는 비정기적으로 주입하는 것으로 일상을 살아갈 수 있는 것이다. 이들 역시 넓은 의미에서는 사이보그라고 볼 수 있다. 바로 화학적 도움을 통해 살아가는, '화학적 사이보그' 인 것이다.

아름다움의 묘약

이 흐름에서 한발 더 나아간 것이 바로 '뷰티'와 관련된 의공학 기술이다. 단순히 그저 살아가는 것에서, 조금 더 건강하게 사는 것으로 초점이 옮겨졌다가, 그것이 충족되고는 다음 단계인 아름다움을 유지하고 싶다는 마음으로 방향성이 옮겨진 것이다.

다양한 시술들과 다채로운 약품들이 이러한 마음에 응답하듯 출시되었다. 그중 가장 대표적인 키워드로는 '다이어트'가 있지 않을까 싶다. 불과 몇 년 전만 하더라도 다이어트를 위해서 몇 가지 성분들이 담긴 약이나, 효소, 과채주스가 효과적인 인기를 끌었다. 지금도 이러한 제품들이 여전히 인기이기는 하지만, 확연히 달라진 점이 있다면 '다이어트'를 위해서 정기적으로 주사를 맞는 것까지 상용화되어 누구나 접근할 수 있게 되었다는 것이다. 삭센다, 위고비, 마운자로 등 처음 개발은 당뇨병 치료제로 시작하였지만 지금은 세계적인 유명인들도 정기적으로 맞으며 효과를 홍보하는 아주 유명한 다이어트 주사제가 바로 그것이다.

삭센다, 위고비, 마운자로는 모두 동일하게 정해진 기간마다 정해진 용량을 정해진 곳에 주사 형태로 놓아주게 된다. 과학적인 용어로 '약물전달시스템'인 것이다. 우리는 '주사'라는 형태로 체중감량에 효과적인 약물을 몸에 넣어주게 되고, 이 약물은 혈관을 따라 몸을 돌아다니며 특정한 기능들을 수행한다. 그리고 이때 약물의 화학구조의 안정성에 따라 주사를 맞는 빈도가 결정된다.

화학적으로 안정된 구조를 가지고 있다면, 한번 약물을 넣어주면 약물이 몸에 오래 안정적으로 남아 있기 때문에 가끔 주사를 맞아도 된다. 반면 화학적으로 구조가 불안정하면 몸 안에서 쉽게 분해가 되어서 약물로의 기능을 잃기 때문에 더 자주 주사를 맞아야 한다. 그렇다. 이 원리 때문에 똑같은 원리를 기반으로 한 주사제이지만, 삭센다는 매일 주사해야 하고, 위고비와 마운자로는 1주일마다 주사를 맞아도 된다. 구체적으로는 삭센다는 조금 덜 안정한 리라글루타이드로 이루어져 있고, 위고비는 세마글루타이드, 마운자로는 티르제파

타이드라는 조금 더 안정된 물질들로 이루어져 있다. 이 물질들은 우리 몸 안에 있는 GLP-1 호르몬과 유사하게 생긴 호르몬이다. 쉽게 비유하자면 '닮은꼴'인 것이다. 주사를 통해 이러한 물질들이 들어오면 우리 몸에서는 마치 GLP-1이 존재한다고 생각한다. 그렇다면 우리 몸에서 GLP-1 호르몬이 하는 역할은 무엇일까.

GLP-1은 음식 섭취 후 장에서 분비되는 호르몬으로, 다음과 같은 역할을 한다. 첫 번째, 혈당을 조절하는 역할을 한다. 혈당이 높아지지 않도록, 췌장에서 혈당을 낮추는 인슐린은 분비될 수 있도록 하고 혈당을 높이는 글루카곤 분비는 억제시킨다. 두 번째, 뇌의 식욕중추에 바로 작용하여 '포만감' 신호를 전달한다. 배가 부른 상황이라고 알려주는 것이다. 마지막으로 위의 음식물이 빠르게 소화되어 버리지 않도록 유지해서 포만감을 계속 느낄 수 있도록 해 준다. 정리해 보자면 실제로 배고프다고 느껴지지도 않는 데다가, 위에서 포만감도 느껴지기 때문에 덜 먹도록 하는 역할을 해주는 호르몬이 바로 GLP-1이다. 즉 GLP-1과 유사하게 생긴 호르몬을 외부에서 넣어주면, 우리 몸에서는 이미 배가 부르다고 생각하고, 덜 먹을 수 있게 된다. 다이어트의 만고불변의 진리인 '안 먹어야 빠져요'는 여기에서도 통하는 것이다.

이때 삭센다보다 위고비와 마운자로의 경우 더 최적화된 '약물전달시스템'을 가지고 있기 때문에 주사 간격이 길어질 수 있다. 이 최적화된 약물전달시스템이 약물이 본연의 기능을 안정적으로 오랜 기간 할 수 있도록 만들어주는 것이다. 전 세계에서 주사 바늘에 공포가 있는 인구는 10% 정도나 된다고 한다. 그렇다 보니 실제 해당 주사제를 사용하기 위해 알아본다면 매일 주사를 맞아야 하는 삭센다보다는 일주일에 한 번만 날카로운 주사 바늘을 견디면 되는 위고비나 마운자로가 조금 더 사용성이 좋다고 느낄 수 있다.

게다가 이 중 마운자로의 경우 GLP-1뿐만 아니라, GIP라는 호르몬에도 작용을 하는 '이중 작용제'이다. GIP는 식후에 인슐린을 분비해 주고, 체내 에너지 소비와 지방대사를 조절한다. 그래서 같이 사용하게 되면 혈당 조절과 체중 감량 효과가 시너지를 낼 수 있게 된다.

이렇게 보면 대략 짐작할 수 있겠지만, 출시된 순서에 따라 기대할 수 있는 기능도 효과도 조금씩 다르다. 그리고 궁극적인 목적인 '체중감량' 정도만 살펴본다면 삭센다는 평균적으로 체중의 5~8%, 위고비는 평균 15%, 마운자로는 평균 20% 정도 감량이 가능하다고 한다.

다만 이를 '마법의 묘약' 같은 존재라고 생각해서 남용하면 안 된다. 원래 삭센다, 위고비, 마운자로는 모두 BMI 지수 30 이상인 비만이거나, 고혈압, 당뇨, 지방간 같은 비만 관련 질환이 있는 BMI 지수 27 이상인 이들을 위한 의약품이다. 즉 다이어트를 편하게 해야겠다는 목적으로 사용하거나, 표준 체중 혹은 저체중임에도 사용할 때는 주의가 반드시 필요하다는 것이다.

가장 흔한 부작용이자, 거의 많은 사용자들이 느끼는 부작용은 '소화기' 관련이다. 메스꺼움, 구토, 설사, 변비 등이 초기 사용 중 나타날 수 있다고 한다. 이는 시간이 지남에 따라 완화가 되지만, 일부 경우 점점 더 심해지거나 증상이 사라지지 않을 수 있다. 이 경우 반드시 병원에 내원해서 약을 중단하거나, 투약 용량이나 빈도를 조절하는 것이 필요하다. 이 외에도 심하게는 췌장염, 갑상선, 저혈당 등의 부작용도 있을 수 있다.

다이어트를 쉽게 할 수 있다는 것은 분명 매력적인 요소이다. 그러나 이보다 더 중요한 것은 건강을 최우선으로 삼고 우리가 스스로를 면밀히 체크해 가며 건강과 아름다움을 함께 누리는 것이다.

영원한 젊음

다이어트만큼 중요한 모든 이들의 관심사가 있다. 바로 '늙지 않는 것'이다. 다큐멘터리 영화 〈브라이언 존슨: 영원히 살고 싶은 남자〉(2025)의 주인공인 '브라이언 존슨'은 IT 사업가이자 백만장자이다. 그는 자신의 신체 나이를 18세로 유지하고 싶어서 다양한 생명공학 기술을 직접 스스로에게 실험하고 있다. 그도 실천하고 있는, 과학적인 노화 억제 키워드는 크게 두 가지이다. '항노화'와 '역노화'가 그것인데, 항노화는 말 그대로 노화를 지연하겠다는 것이고, 역노화는 이미 노화가 진행이 되었지만 되돌려 보겠다는 의미이다. 이렇게 항노화나 역노화는 생각해 보면 결국에는 나이가 들어서 제 기능을 잘 하지 못하는 '노화세포'를 젊고 건강하게 되돌리겠다는 공동의 목표를 가지고 있다.

세포를 젊고 건강하게 돌리려면 이 세포들로부터 새로운 세포를 만들어 줄 수 있는 일종의 '부모'의 상태로 돌아가는 것이 중요하다. 이걸 '줄기세포'라고 부른다. 그리고 이 줄기세포는 크게 '배아줄기세포', '역분화 줄기세포', '성체 줄기세포'의 세 가지 종류로 나뉜다. 사람은 처음에 수정란이라는 하나의 세포로 시작해서 복잡다단한 기능을 수행하는 엄청난 수의, 각기 다른 기능을 하는 세포들을 가진 사람으로 '세포 분열'을 한다. 이것이 가능한 이유는 줄기세포들이 각기 다른 다양한 세포들로 '분화' 할 수 있기 때문이다. 수정란 단계의 세포는 모든 종류의 세포로 분화가 가능하다. 이를 우리는 '배아 줄기세포'라고 부른다. 하지만 이렇게 배아에서 얻는 줄기세포는 생명 윤리적 문제가 있기 때문에, 요즘의 연구는 이미 다 분화가 완료된 우리의 세포를 다시 분화가 덜 된 상태로 돌리는 '역분화 줄기세포'를 만드는 형태로 진행이 된다. 이 역분화 줄기세포는 모든 세포로 분화할 수 있지만, 특정 분화 단계에 맞게 조건을 적용해야 한다는 어려움이 있다.

마지막으로, 이미 다 자라난 성인에게도 줄기세포를 얻을 수 있다. '성체 줄기세포'라고 하는데, 우리가 많이 들어보았을 골수세포 외에도 혈액이나 지방에서 얻어낼 수 있다. 이 '성체 줄기세포'는 다른 두 줄기세포에 비해 윤리적인 문제도 없고, 상대적으로 얻어내는 난이도도 낮은 편이다. 대신 모든 세포로의 분화는 제한된다는 단점이 있지만, 그럼에도 꽤 다양한 세포로 분화가 가능하다. 가령, 성체 줄기세포의 종류 중 하나이자, 지방 조직에서 추출하는 지방유래줄기세포는 뼈세포, 연골세포, 근육세포, 신경세포, 혈관내피세포, 지방세포 등 다양한 세포들로 분화할 수 있다.

이 지점에 주목해서, 과학자들은 추출한 줄기세포를 통해 노화를 막을 수 있는 조직 재생이나 염증 조절을 할 수 있는 길을 연구하고 있다. 과학의 발견으로, 우리가 늙지 않는 시대는 곧 도래할지도 모른다.

개인 맞춤형 의료의 시대

현재의 의학 기술은 최근까지도, 증상이 비슷하다면 그 증상을 치료하는 약을 보편적으로 처방하는 방향으로 진행이 되고 있다. 내가 감기에 걸려도, 친구가 걸려도, 증상이 같다면 처방받는 약도 비슷하다. 생각해 보면, 사람마다 특정 약 성분에 대해 빠르게 약효가 나타나는 사람이 있고, 아닌 사람이 있을 것이다. 이뿐만이 아니다. 연령도, 체중도 다르고, 감기라고 한다면 어느 정도 심하게 걸렸는지의 정도 차이도 있을 텐데 이러한 개인별 보정이 크게는 되지 않는 경우가 있다.

그러나 AI 기술과 의공학 기술의 발달로 가까운 미래에 우리는 개인 맞춤형 진료를 받게 될 것이다. 기성복도 좋지만 맞춤옷을 입으면 다소 숨기고 싶은 결점은 가려주고, 장점을 부각해 주듯이 개인 맞춤형 진료도 모두에게 동일하게 적용되어서 자칫 일어날 수 있을 부작용이나 부적합을 많이 개선해 줄 것이다.

현재 연구되고 있는 기술들 중에 'AI 디지털 트윈' 기술이 있다. 이 기술은 의료인들이 환자에게 수술이나 시술을 하기에 앞서 시뮬레이션을 디지털 환경에서 할 수 있도록 제공해 준다. 좀 더 쉽게 말해보자면, 뇌 수술을 해야 하는 환자가 있다고 생각해 보자. 사람마다 머리 모양이 다르다. 그리고 머리 모양만 다른 게 아니라 뇌를 안전하게 보호하고 있는 두개골의 모양이나 두께도 사람마다 미세하게 다를 것이다. 심지어는 뇌의 위치나 모양도 조금씩 다르다. 이 차이를 수술 전에 미리 확인하고, 똑같은 모형을 만들어서 수술을 최대한 많이 연습해서 숙달시킨 뒤 실제 수술을 한다면, 수술에 있어서 생각지도 못한 어려움이나 시행착오를 많이 줄여나갈 수 있을 것이다.

이것이 지금 가능하다. 3D CT 스캐닝 등을 통해 얻은 이미지를 바탕으로 구조를 예측하고, 모델링한 뒤 이를 3D 프린팅 방식을 통해 제작할 수 있다. 실제로 출력된 장기 모형으로 수술 연습을 할 수 있는 것이다.

나는 과거에 나온 SF 영화를 다시 보는 것을 좋아한다. 분명 당시에는 "정말 그렇다고?"라는 궁금증을 자아내며 뜬구름 잡는 그야말로 픽션이라고 생각했겠지만 불과 수년 후에는 정말 그런 일이 일어나는 경우들이 많기 때문이다. 영화에서 본 의공학 기술이 가져올 미래의 단적인 이미지는 영화 〈인 타임In Time〉(2011)의 한 장면이라고 생각한다. 짧게 지나가는 장면이지만 거기에는 주인공, 주인공의 어머니, 그리고 할머니 이렇게 세 여성이 파티에 잠시 등장한다. 그런데 놀랍게도 이들 세 명은 모두 외관상으로는 25세의 나이로 보인다. 의공학은 여기에서 시작한다. 건강하게 오래오래, 게다가 젊고 아름답게 살아가기 위한 단초인 이 기술은, 머지않아 우리의 일상에 깊이 자리할 것이다.

PART 5

변하는 것들과 지켜야 할 것들

기후 위기 시대를 살아가는 우리의 자세

여름이 정말 상상 이상으로 더워지고 있다. 이상한 기후 현상도 무척이나 많이 일어나고 있다. 세계적으로 어떤 지역은 극심한 가뭄으로, 반대로 어떤 지역은 엄청난 폭우와 홍수로 고통받고 있다. 극지방의 빙하는 해가 다르게 녹고 있으며, 이대로 외면하기에는 지구온난화는 이미 우리의 삶의 근간을 뒤흔들고 있는 문제로 자리매김해 버렸다. 최근에도 과학자들은 이대로 가다가는 앞으로의 기후를 예측하는 것조차 어려워질 것이라고 경고하기도 했다.

기후 위기는 내가 과학 커뮤니케이터의 꿈을 꾸게 된 시작점과도 밀접하게 연관되어 있다. 초등학교 시절, 영재교육원 수업에서 〈투모로우The Day After Tomorrow〉라는 영화를 본 적이 있다. 영화를 보고 당시 선생님은 앞으로의 지구온난화 현상은 더욱 심각해질 것이고, 이를 과학자들이 연구하는 것이 중요해질 것이라고 말해주셨다. 그리고 지구온난화를 막기 위해 혹은 개선하기 위한 연구를 하는 것과 더불어, 대중들에게 어렵지 않게 지구온난화에 대한 경각심을 일깨워 주는 것 또한 앞으로 점점 중요해질 것이고 그 역할 역시 과학을 잘 아는 과학자가 해야 할 일이라고 말해주셨다. 수업 시간에 들었던 그 한마디는 어렸던 내 마음속 깊이 울림을 만들었고, 그때부터 꿈꾸어왔던 일을 지금 나는 하고 있다.

그 수업 시간으로부터 고작 15년 정도가 지났을 뿐인데 지구는 이미 판이하게 변화했다. 해가 다르게 날씨의 변화는 몸으로 다가오고 있다. 열대야가 한 달 가까이 지속되고, 장마철에 침수가 되었던 적도 있고, 마치 '스콜'처럼 국지적으로 비가 퍼붓고는 언제 그랬냐는 듯 맑아지는 현상도 빈번하다. 세계적으로는 '기후 난민'에 대한 문제도 점점 대두되고 있는 실정이다.

왜 자꾸만 더워질까?

사실 내가 기후 변화의 경각심을 일깨우는 과학 커뮤니케이터가 되겠다고 마음먹었던 2000년대 초중반까지만 하더라도 자꾸만 지구가 더워지는 원인이 인간 활동에 의한 것이 '확실하다'까지는 밝혀지지 않았다. 당시에는 지구온난화가 '정말로 공장이나 매연과 같은 인간 활동 때문에 더 심해지고 있을까?' 혹은 '지구는 원래 추운 빙하기의 시기와 따뜻한 간빙기의 시기를 왔다 갔다 하는데 지금도 그저 점점 따뜻해져 가는 자연스러운 추세일까?'라는 질문도 명확하게 결론 나지 않은 상황이었다. 심지어 일각에서는 지구온난화라는 개념 자체가 일종의 음모론이라는 등의 여러 가지 '썰'들도 있었다.

그러다 2021년이 되어서야 기후 변화에 관한 정부 간 협의체인 IPCC에서는 6차 평가 보고서를 통해 '인간이 대기, 해양 및 육지 온난화에 영향을 미친 것에는 의심의 여지가 없다'며 지구온난화가 인간 활동이 원인이라고 명백하게 못을 박았다. 즉, 지금 지구가 점점 더워지는 것은, 간빙기라서 온도가 높아지는 영향도 어느 정도 있겠지만 그러한 '자연의 이치'를 훨씬 뛰어넘을 정도로 명백하게 인간 활동 때문에 온도가 급격하게 상승하고 있다는 것이다.

그렇다면 이 '인간 활동'이라는 것은 뭘까? 과학적으로는 살아가면서 사람들이 '온실가스'를 배출하게 되는 모든 활동을 의미하는 것이 일반적이다. 그리고 이때 대표적인 온실가스로는 이산화탄소(CO_2)가 있다. 석탄, 석유, 가스 등 화석연료를 태우면 무조건 이산화탄소가 나온다. 공장을 돌릴 때에도 이 이산화탄소가 많이 나온다. 즉 현대사회의 문명을 누리며 사람들이 살아가는 과정에서, 이산화탄소를 배출하지 않는 것은 무척이나 어렵다.

이뿐만 아니다. 메탄, 아산화질소, 수소불화탄소, 과불화탄소, 육불화황과 같은, 이산화탄소보다는 다소 생소한 이름의 물질들까지 합해서 총 6개가 대표적인 온실가스라고 분류된다. 그런데 사실 이산화탄소를 빼고는 나머지 물질들은 생소하거나 심지어 초면일 경우도 있을 것이다. 하지만 낮은 유명세가 무색하게, 이들은 이산화탄소에 비해서 더 강력하다. 메탄은 21배 정도, 육불화황의 경우 무려 23,900배나 더 강력하다. 그러나 왜 이산화탄소에 비해서 악명을 널리 떨치지 못하고 있을까? 그 이유는 배출되는 양 때문이다. 이산화탄소에 비해서는 나머지 5개 가스는 양이 미미하다. 국내 2019년 통계 기준으로는 이산화탄소가 91% 정도로, 거의 대부분을 차지한다.

이 온실가스들은 마치 비닐하우스의 비닐 같은 역할을 한다. 지구 전체에 비닐을 씌운 것처럼 만들어서 지구의 온도를 자꾸만 높이게 되는 것이다. 조금만 더 과학적으로 풀어보자면, 지구에서 생명체가 잘 살아갈 수 있도록 해 주는 에너지는 태양에서부터 오게 된다. 태양에너지는 여러 가지 종류가 있는데 우리가 물리치료를 받으러 가서 '열치료'를 할 때도 사용되는 적외선, 물체의 색깔을 알게 해주는 '가시광선', 그리고 피부를 태울 정도로 에너지가 큰 '자외선' 등 다양한 종류들이 있다. 이 다양한 종류들의 에너지는 일단 태양에서 다 같이 출발해서 지구로 도착한다. 그리고 일부는 지구 표면이나 대기에서 흡수가 되고 나머지는 반사가 되는데, 여기서부터 문제가 시작한다.

다시 반사가 되는 과정에서 에너지가 큰 자외선 같은 경우에는 손쉽게 지구 밖으로 다시 나갈 수 있다. 그러나 에너지가 낮은 적외선의 경우가 문제가 된다. 적외선은 대기 중 온실가스를 마주하면 온실가스에 가로막혀서 다시 지구 표면으로 방향을 틀어 되돌아오게 된다. 적외선은 물리치료에도 사용되는 '따뜻한 붉은빛'으로도 잘 알려진 것처럼 따뜻한 광선인데, 온실가스에 가로막힐 때마다 다시 지구로 돌아오고 또 돌아오게 되면서 점점 지구를 덥게 만들게 된다.

적외선이 다시 돌아와서 지구 온도가 상승하는 '지구온난화'만이 지금 지구에 나타나는 이상기후 현상을 모두 대변하는 것은 아니다. 지구는 하나의 거대한 시스템으로 이루어져 있어서, 한 군데가 약간 문제가 생기면 연관 되어있는 다른 곳들도 균형이 와르르 무너지게 된다. 그래서 어떤 곳에서는 극심한 가뭄이, 어떤 곳에서는 극심한 폭우가, 산불이 일어나게 되는 것이다. 즉 온실가스에 의해 지구가 더워짐에 따라 우리가 예측하기 어려운 극한 기후 현상들이 불쑥불쑥 우리를 찾아오게 된다. 이를 고려해 보면, 우리는 지구온난화, 기후 변화, 기후 위기 등 다양한 용어를 혼용해서 사용하지만, 어찌 보면 지구온난화보다는 '기후 변화'가 지금 상황에 좀 더 적합한 용어라고 할 수 있을지도 모른다.

그렇다면, '지구가 점점 더 더워지면 어떻게 될까?' '인류가 탄소 배출을 어느 정도까지 줄여야 더 이상 지구 온도가 높아지지 않을까?' '지구 온도가 높아지게 되면 우리가 예측하기 어려운 큰 가뭄, 홍수, 산불 같은 극한 기후 현상이 일어난다고 하는데 어떻게 대응할 수 있을까?' 와 같은 질문들이 머릿속을 맴돌 것이다. 즉, 인류가 살아가는 지금이 미래의 지구에 어떠한 영향을 미칠지, 그리고 그렇게 변화한 지구가 인류의 삶을 어떻게 변화시킬지에 대한 고민과 예측은 이러한 질문에 대응하기 위해 꼭 필요한 일이 아닐 수 없다.

이에 대해 과학자들은 AI를 사용해서 미래를 예측하고, 다가올 미래에 대한 시나리오를 보여줌으로써 지금 우리가 해야 할 일에 대한 방향성을 제시하는 연구를 진행하고 있다. 과거부터 지금까지 얻은 데이터를 바탕으로 가상 세계에 지구를 만들어서 말이다! 이걸 '디지털 트윈'이라고 부른다. 구체적으로 설명해 보자면, 과학자들은 현실의 정보 그대로 하나의 가상 지구를 만들고, 인간활동을 제외한 정보를 바탕으로 두 번째 가상 지구를 만든다. 그리고 이 두 개의 지구를 AI 시뮬레이션을 통해 미래 어느 시점으로 보낸다. 이때 두 지구의 차이는 오롯이 인간 활동의 유무뿐이기 때문에, AI 시뮬레이션 결과를 통해 우리는 현재의 인간활동이 미래 지구에 어떻게 영향을 미칠지를 예상할 수 있게 된다. 현실에서 바로 확인하기는 어렵다고 생각했던 지구온난화의 영향력을 시각적으로 확인할 수 있게 되는 것이다.

이렇게 더워지기만 하다가 갑자기 빙하기가 올까?

지구온난화라는 말은 지구가 점점 더워진다는 것인데, 이렇게 지구가 점점 더워지다가는 빙하기가 올 수도 있다. 영화 〈투모로우〉를 본 적이 있다면 아마 주인공들이 갑작스레 닥친 빙하기에서 살아남는 여러 모습들이 기억에 남을 것이다.

이상하거나, 말도 되지 않는다고 생각할 수 있다. 왜 계속 더워지고 있는데 갑자기 빙하기가 온다는 것일까?

이 역시 지구가 하나의 거대한 시스템이기 때문이다. 특히 빙하기의 도래는 바다의 순환과 밀접한 연관이 있다. 밀크티를 만든다고 생각해 보자. 밀크티는 뜨거운 홍차에 차가운 우유를 부으면 만들어진다. 이때 자세히 관찰해 보면, 찬 우유는 뜨거운 밀크티에 부으면 먼저 아래로 훅 가라앉는다. 그러다가 이내 잔 전체로 퍼지게 된다. 이렇게 온도나 밀도 차이에 의해서 물이 순환하는 현상을 '대류'라고 하는데, 그중에서 특히 바닷물이 이동하는 흐름을 해류海流라고 한다.

지구에는 다양한 해류들이 존재하는데 그중 대서양 해류는 북극의 찬 빙하가 있는 바다와, 적도의 뜨거운 바다를 섞어주는 거대한 흐름을 가진다. 즉 찬물과 뜨거운 물이 섞이면 미지근한 물이 되듯이, 북극의 찬 바다는 해류로 조금은 덜 차가워지고, 적도의 뜨거운 바다는 덜 뜨거워지는 것이다. 실제로 이 해류 덕분에 같은 위도에 있는 프랑스와 러시아를 비교해 보면, 같은 고위도 지역이지만 따뜻한 해류가 흐르는 프랑스가 훨씬 온난한 기후를 가지고 있다는 것을 알 수 있다.

그런데 여기서 문제는 지구가 전체적으로 점점 더워지면서 빙하가 녹고 있다는 것이다. 빙하가 녹는게 왜 문제일까? 바로 빙하가 '짜지 않기 때문'이다. 빙하를 맛볼 일은 없겠지만, 대신 소금물을 얼려서 그 얼음을 먹어보면 얼음은 거의 짠맛이 없다는 것을 바로 알 수 있다. 즉 빙하가 녹으면 짠 바닷물이 조금 덜 짜게 된다. 여기에서 문제가 생긴다. 우리가 앞에서 이야기했듯이 찬물은 아래로 내려가야 한다. 그런데 빙하가 녹으면서 차갑지만 덜 짠 바다가 되어버리면 '밀도'가 낮아져 버린다. 쉽게 말하자면 뜨거운 바닷물을 밀고 아래로 내려갈 힘이 줄어들게 된다는 것이다! 찬물이 아래로 내려가지 못하면, 적도와 극지방을 순환하는 바닷물의 흐름인 '해류' 자체가 약화된다. 이미 지금도 빙하가 점점 빠르게 녹아감에 따라, 물이 점점 덜 짜게 되어서 이 해류는 점점 더 약해지고 있다고 한다. 이러다 빙하가 다 녹아버리면 북극 지역에는 더 이상 뜨거운 열기를 품은 해류가 지나가지 않게 되고, 이때부터는 극지방이 점점 더 추워지기만 하면서 급속도로 얼어붙는다. 빙하기가 찾아오는 것이다.

실제로 과학자들은 이미 이 대서양 해류의 흐름이 많이 약해졌다고 경고한다. 2030년에 흐름이 붕괴될 것이다, 혹은 2050년에 붕괴될 것이라는 수많은 가설과 함께 연구들이 활발히 진행 중에 있다.

지금 현 시대를 살아가는 우리들은 더 이상 〈투모로우〉를 SF, 공상과학영화 정도로 치부해서는 안 된다. 조금이라도 이른 시간에 우리가 할 수 있는 일을 찾아야 하는 것이다.

우리가 할 수 있는 일이 있다면?

사실 나도 기후 변화를 주제로 한 강연을 처음 준비할 때, 그리고 공부를 해야겠다고 마음먹었을 때 과연 과학자 수준에서 '연구'를 하거나, 산업체 수준에서 '공장에서 적용'을 하는 것 이외에, 우리 한 명 한 명 개인들이 할 수 있는 일이 무엇이 있을지를 생각해 보면 뭘 하더라도 그 영향력은 무척이나 미약할 것 같다는 생각이 먼저 들었다.

흔히들 알고 있는 에코백을 사용하거나, 텀블러를 사용하는 것도 하지 않는 것보다는 좋기는 할 것이다. 그러나 자세히 뜯어보면 에코백이나 텀블러를 제작하는 데 이미 탄소가 배출되었기 때문에 그걸 감안하면 한 번 사서 수백에서 수천 회 써야 탄소 배출의 관점에서는 비로소 '본전'이라고 할 수 있다는 함정이 숨어있다. 이를 반대로 말하면, 지구를 지켜보겠다고 에코백을 철마다 구매하고, 텀블러도 예쁜 디자인을 볼 때마다 사면 어쩌면 탄소를 더 배출하고 있을 수도 있다는 것이다.

그렇다면 우리 개개인은 어떤 노력을 해야 정말 유의미한 것일까? 당연한 이야기일 수도 있겠지만 어떤 방법이든 화석

연료를 덜 쓰도록 할 수 있다면 좋은 방법이 될 수 있을 것이다. 전기를 절약하는 것이 사실 가장 현실적인 방법이다. 방법도 이미 모두가 알고 있다. 절전이 되는 제품을 사용하고, 쓰지 않는 제품의 플러그를 콘센트에서 뽑는 것이 좋다.

그리고 바로 생각하기는 어렵지만 사실 실천하기 꽤 쉬운 방법이 있다. 바로 '저탄소식생활'을 실천하면 된다. 세계적으로 식량 생산을 하는 데는 탄소 배출량의 약 4분의 1, 25% 정도가 배출된다고 한다. 작물을 키우고, 가축을 키우고, 신선함을 유지시키고, 가공을 하기 위해 공장을 돌리고, 분뇨나 비료를 처리해야 하며, 수입이나 수출을 할 때 비행기나 선박, 차량으로 이동하는 것을 다 생각해 보면 저절로 고개가 끄덕여지는 수치이다.

그렇다면 이 먹는 것에서 탄소 배출량을 줄이려면 어떻게 해야 할까? 사실 직관적이고 단순한 것이 있다. 일단 이 식재료를 최대한 이동하지 않도록 하는 것이 중요하다. 즉 지역에서 나는 식재료를 활용하는 것이 좋다. 그리고 당연하게도 온도 관리를 하기 위해 탄소 배출이 되는 하우스에서 얻은 재료보다는 제철 식재료가 좋다.

육류에서는 소고기가 탄소 배출량이 가장 높고, 돼지고기, 닭고기 순으로 탄소 배출이 적어진다. 그래서 소고기를 세

번 먹을 때 한 번 정도는 닭고기로 대체하기만 해도 탄소 배출량을 꽤 줄일 수 있다. 같은 소고기를 먹더라도 금액이 부담이 되기는 하지만, 한우를 먹는다면 외국산 소가 비행기나 배를 타고 오는 데 배출하는 탄소는 줄일 수 있다.

마지막으로 조리법을 어떤 걸 선택하느냐에 따라서도 탄소 배출량이 차이가 난다. 소를 예로 들어서, 만약에 육회나 뭉티기를 먹는다고 한다면 날것 그대로 먹는 것이라 조리 과정에서의 탄소 배출은 적을 것이다. 한편 소로 곰탕을 끓인다고 생각해 보면 거의 5시간 정도는 푹 고아야 할 것이다. 그 긴 기간 동안의 탄소 배출량은, 당연히 조리하지 않는 음식과 비교하면 차이가 것이다.

다만 현실적으로, 이는 가축을 키우는 축산 농가, 하우스 농장을 운영하는 농가, 그리고 높은 탄소 배출량을 가지는 요리를 판매하는 곰탕 식당 등에게는 지구를 위한 방법이라고 하더라도, 당장의 생계를 생각했을 때 선뜻 고르기 쉽지 않은 선택지이기는 하다. 이에 대한 해결책 역시 과학기술로부터 나올 수 있다. 화학 비료를 줄이고, 에너지 효율을 높이며, 낙농업의 경우 저메탄 사료를 쓰는 농법 등 '탄소중립 농법'이 활발히 연구되고 있다. 궁극적으로 '탄소 중립'을 이루어 나가는 노력과 기술의 발전이 병행이 되고 있는 것이다.

18세기 산업혁명이 일어날 무렵만 하더라도, 불과 300년 정도 뒤의 후손들이 산업화에 따른 온실가스로 지구가 손쓸 수 없이 변화하는 미래가 올 것이라고는 상상하기 어려웠을 것이다.

'티핑 포인트'라는 말이 있다. 임계점이라는 뜻이다. 지구 평균 기온이 산업화 이전과 비교해서 1.5도 이상 상승하면 생태계나 환경이 회복 불가능할 정도로 급변하게 된다. '티핑포인트'는 급변하는 바로 그 지점을 의미한다. 사실 전 세계적으로 이 티핑 포인트를 넘기지 않기 위해서 매년 총회를 열고, 협정을 통해 목표를 수립하기도 한다. 하지만 실질적으로 우리가 지금 당장 기후 위기로 피난을 가야 하거나, 이재민이 발생하거나, 생태계 종이 급격하게 감소하거나 하는 등의 일이 눈앞에서 벌어지고 있지는 않기 때문에 우리는 당장 눈앞에 맞닥뜨린 다른 문제들을 처리하는 데 더 힘을 쏟을 때가 많다. 그러나 그사이 지구는 조금씩 배출되는 온실가스로 인해 티핑 포인트를 향해 달려가고 있다. 우리나라 서울과 부산을 포함한 전 세계 곳곳에 설치되어 있는 '기후 위기 시계'라는 것이 있다. 전 세계의 과학자 팀이 모여 제안하여 만들고 업데이트하는 이 시계는 지구 평균기온 1.5도 상승까지 남은 시간을 실시간으로 보여준다. 2026년 기준, 우리에게 남은 시간은 고작 3년여에 불과하다.

과학자들은 우리가 오늘 당장 1.5도 상승을 막기 위해 화석연료 사용을 전면 중단하더라도, 이미 배출해 둔 온실가스들 때문에 지구온난화는 일정 수준까지 계속되며 1.5도를 넘길 것이고, 그에 따른 돌이킬 수 없을 생태계 파괴나 극한 기후 현상들을 필연적으로 마주할 수밖에 없을 것이라고 경고한다. 또한 이렇게 올라간 온도는 일정 시기가 지난 후에야 정상화될 수 있다고 한다. 이것이 바로 '오버슛Overshoot'이다. 과학자들은 이 오버슛은 반드시 찾아올 것이고, 이 기간 동안에 일어나는 생태계 파괴나 여러 기상 재해들은 온도가 정상화되어도 돌이킬 수 없으며, 우리가 감수해야 하는 것이라고 경고한다.

사실 현실을 살아가는 우리는 당장 내일도 예측하기 어렵다. 그렇기에 몇 년 후의 미래가 어떻게 될지는 정말 알 수 없을 것이다. 재난이나 재해는 예고하고 찾아오지도 않으니 말이다. 그러나 오늘의 일상이 무탈하다고 하더라도 우리가 기억해야 할 것은, 우리가 지금 지구라는 은행에 온실가스라는 빚을 지고 있다는 사실이다. 대출을 받은 돈을 사용할 때는 그 돈이 마치 내 돈인 듯 별생각이 없을 수 있다. 그러나 언젠가는 결국 만기가 도래한다는 것을 잊어서는 안 된다. 우리가 사용하는 지구에 지고 있는 빚을 만기까지 처리하지 못하면 부지불식간에 어떤 재난과 재해가 우리의 일상을 송두리째 뒤흔들지, 우리는 전혀 예측할 수 없다. 과거의 우리들이 불현듯 찾아온 코로나 바이러스와 같은 지구의 경고에 속수무책으로 당했던 것처럼 말이다.

다만 우리가 잘 알고, 어떻게 대처하면 좋을지를 모색하고, 실제로 실천하는 작은 노력들이 모일 때, 지구의 미래는 조금이나마 변화를 기대해 볼 수 있으리라는 것은 확실하다.

이 지구에서 오롯이 인간답게 사는 법

나는 스스로 꽤 운이 좋은 세대에 속한다고 생각한다. 다른 거창한 이유가 있는 건 아니고, 아날로그에서 디지털로, 그리고 AI로 숨 가쁘게 넘어가는 모든 순간을 자라는 동안 겪을 수 있었기 때문이다. 어릴 적 기억을 거슬러 올라가 보면, 초등학교 때까지만 해도 이웃집에 누가 사는지 다 알고 있었다. 집에 부모님이 계시지 않을 때면 친구 집에서 간식도 먹고 게임도 하고, 저녁까지 야무지게 얻어먹고 집으로 돌아가는 것도 일상이었다. 컴퓨터 게임도 하기는 했지만, 밖에서 '경도' 게임을 하고, 인라인스케이트를 타고, 소꿉놀이를 하기도 했다.

휴대전화를 각자 가지고 난 뒤에도 전화와 문자를 보낼 수 있는 '알'을 주고받으며 우정을 다졌고, 알이 없으면 콜렉

트콜로 10초 남짓 되는 짧게 할애된 시간 동안 용건을 랩하듯 쏟아 냈다. 노래를 듣기 위해서는 MP3를 따로 들고 다녀야 했다. 노래가 약 24곡 들어가는 유명 캐릭터 모양의 MP3는 우리 세대의 상징이었다. 쉬는 시간이면 배불뚝이 컴퓨터에 친구들이 모여 유행하는 아이돌의 뮤직비디오를 틀어서 다 같이 보며 따라 하기 바빴다. 온라인에서 미니홈피를 꾸미고, 친구의 미니홈피를 찾아다니는 것만큼이나 실제 친구의 집에도 자주 찾아갔다.

지금 와서 돌이켜 보면 불편한 것투성이였지만 그것이 단순한 불편으로 치부되기보다는 여유와 낭만으로, 웃음으로 넘길 수 있던 시기였음은 분명하다. 그리고 지금은 그 '감성'을 그리워하는 이들이 'Y2K', '뉴트로'라는 이름으로 추억을 회상하고는 한다. 심지어는 그 당시를 경험해 보지 못한 세대도, 태어날 때부터 이미 스마트폰이 있었던 세대조차도 이전 세대의 유물인 아날로그에 열광하기도 한다.

왜일까? 하루가 다르게 급변하는 요즘 세상에서 그 답을 유추할 수 있다. 과거에 정설이라 여겼던 공략법은 이젠 몇 년만 지나면 통하지 않는다. 취업이 잘된다고 여겨지는 학과, 전망이 좋다고 모두가 입을 모아 말하던 산업군들은 그 위세를 5년도 채 유지하지 못하는 상황이다. 이렇다 보니 오늘날 사람들은 필연적으로 '안정감'에 목말라 있다.

현 시대, 우리는 디지털 기기를 통해 언제나 연결되어 있다. SNS로 누가 뭘 하는지 실시간으로 볼 수 있고, 소통할 수 있다. 어디에 있든, 언제든 말이다. 줌을 비롯한 온라인 회의 서비스는 어떠한가. 우리는 언제 어디에서나 회의를 할 수 있다. 해외 어디에 있더라도 실시간으로 소통할 수 있다는 것은 무척 좋은 일이라고 생각하기 쉽다. 그러나 바꿔 말하면 우리는 연결에서 벗어나 자유로울 순간이 없어졌다고도 생각할 수 있다.

AI 서비스를 사용하면 수많은 정보 역시 손쉽게 얻을 수 있다. 그러나 정보를 많이, 또 손쉽게 얻을 수 있다는 것은 그 정보가 믿을 만하다는 것은 전혀 보장하지 못한다. 오히려 우리는 AI가 쏟아 내는 무지막지하게 많은 정보 속에서 '진짜' 정보를 걸러 내는 데에 애를 쓰고 있다. 혹은 가짜 정보에 속아버리고 만다.

'고유함'이 사라지고 있다. 불과 10여 년 전만 하더라도, 해외 여행을 가면 설렘이 가득했다. 미지의 세상을 탐험하는 기분이었고, 실제로 문화도, 상점도, 음식도, 사람도 전부 다르고 새로웠다. 그러나 언제부터인가, 특히 코로나 시기 이후부터는 여행을 갈 때 기대감이 절반 정도로 줄어들어 버렸다.

처음 몇 번은 이제 나이가 들어서 그런가 보다라고 생각했었다. 그런데 곧 그것보다는 각 나라마다의 '고유함'이 희석되면서 여행지의 낯선 느낌을 줄어들게 만들었음을 깨달았다. 어떤 나라의 사람이라도 즐거운 일이 있으면 비슷한 구도로 사진을 찍고, 옷 스타일도 비슷하며, 유행하는 쇼츠 영상의 춤을 따라 춘다. 어느 나라에 가더라도 우리나라에서 보던 광고들을 비슷하게 볼 수 있다. 나이키, 애플 등 상점에서 볼 수 있는 브랜드도 비슷하다. 언어가 달라도 모두가 번역기를 사용할 수 있기에 소통의 어려움도 사라졌다. 온 세상이 비슷비슷해져 버린, 그야말로 'Universal'한 세상이 도래한 것이다.

그 때문인지 요즘은 아예 구글맵에서 혹은 SNS에서 추천하는 여행지나 맛집 대신, 그저 걸어 다니다가 '현지인'들이 몰리는 진짜 맛집을 찾겠다는 이들이 늘어나고 있다. 유명하고 큰 도시 대신 소도시를 여행하려고 하는 이들도 늘어나고 있다. 모든 것이 규격화된 세상에서 아직 존재하는 고유한 틈을 찾아내고, 여전히 생소함을 찾아 즐기는, 여행의 묘미를 찾고 있는 것이다.

디지털 세상은 어떤가. 예전에는 MP3에 넣을 노래를 한 곡당 몇백 원씩의 돈을 주고 사야 했다. 영화도 편당 얼마의 돈을 주고 사서 다운로드했다. 요즘은 모든 걸 '구독'한다. 디지털에서도 월세를 내고 있는 것이다. 그에 따라 나의 취향이나 내가 100번 돌려본 영화 같은 것들의 소중한 추억이 함께 한 영상물의 가치도 조금은 변색되었다. 플랫폼은 내가 본 영상을 기반으로 끊임없이 '새로운' 영상을 추천해 댄다. 게다가 내가 구독을 중지하거나, 플랫폼에서 해당 영화를 지워버리면 내가 그토록 애정했던 영화는 수십 번을 본 것이 무색하게 더 이상은 절대 볼 수도 없다. 그렇다 보니 차라리 LP나 앨범, CD 등을 구매해서 소장하고자 하는 이들이 늘어나고 있있다고도 한다.

기술은 극한의 고도화를 이루며 하루가 다르게 발전하고, 우리의 생활은 갈수록 편해지고 있다. 그러나 이것이 진짜로 우리의 마음속 깊은 곳에서 원하던 것일지는 전혀 다른 문제이다.

AI 시대, 우리는 무엇으로 존재 가치를 증명해야 할까

진로 멘토링을 하면 모두가 입을 모아 '채용시장이 얼어붙었다'고 말한다. 그런데 몹시 난감한 것은, 신입으로 들어가는 채용 자리만 얼어붙은 것이 아니라는 것이다. 기존 인력들도 AI로 대체 가능하다면 감축하려는 것이 전 세계 IT 기업들의 현 기조이다. 이 감축은 단순히 아이디어로 끝나는 게 아니라 실제로 진행되고 있는 현상이다.

심지어 이건 비단 IT 업계를 비롯한 기업에만 해당하는 것이 아니다. 전문직이라고 분류되는 직업군 역시 AI 기술이 어느 정도 자신의 직무를 대체할 수 있을지 촉각을 곤두세우고 있으며, 우려를 하고 있다. 의사, 변호사, 교사, 공무원 등 특정 직업군에 한정된 것이 아니라는 것이다.

AI는 이제 단순히 비서처럼 개인의 여러 수고를 덜어주는 것을 넘어, 계산, 예측, 예술, 언어, 창의성을 비롯한 '인간'의 영역, '인간'의 개념에 손을 뻗고 있다. 그리고 매우 성공적으로 인간과 구별조차 어려울 만큼 뛰어난 결과물을 선보이고 있다.

AI가 인간의 사고를 대신할 수 있다면, 우리가 기존에 가지고 있던 '인간'에 대한 개념의 정립은 달라져야 할까? 일도 사람보다 잘하고, 창의적 영역인 그림 그리기나 음악 작곡도 사람보다 뛰어나다면, 그 AI는 인간의 범주로 넣어주어야 하는 것일까? AI와 인간의 차이는 어디에서 비롯되는 것일까?

또 이런 의문도 있다. AI가 만든 영화가 법적, 도덕적, 윤리적인 어떠한 문제를 가지고 있을 때, 그 책임은 누가 져야 할까? AI? 아니면 그 AI를 개발한 개발자일까?

우리는 AI 기술이 발달하고 세상이 디지털화되면서 이 변화가 가져다주는 편의성에 익숙해지고 있고, 어떻게 하면 잘 '써먹을까' 정도에만 촉각을 기울이고 있을 때가 많다. 한발 더 나아가면, 내 일자리를 잃는 건 아니겠지 하는 걱정에 휩싸이기도 한다. 하지만 근원적으로는 AI 기술이 발달함에 따라, AI와 인간의 차이가 무엇일지를, AI와 구분되는 '인간'만의 특징은 무엇일지를 고민하는 것이 중요하다.

단순히 편하다고, 편리하다고 눈앞의 것에 취해서 주체적으로 생각하는 것을 잃어버리거나, 혹은 현실 그 자체가 아닌 조금 뒤틀려 있는 디지털 세상의 '상'을 현실이라고 믿고 지레 낙담해 버리거나 혼자만의 세상으로 숨어버리는 일 역시 경계해야 하는 것이다. 극단적으로 어떤 이들은 이에 대해 'AI 기술을 사용하는 것은 악마를 소환하는 것'이라고 까지 말한다. AI로 인해 인류가 멸종할 수 있다고도 한다.

부정적 예측이 아닌 긍정적 예측을 해보자면, AI는 향후 5년 내에 신입 사무직 절반의 인력을 대체할 것이고, 또 몇 년이 지나면 이제 인류는 '일'에서 완전히 해방이 된다고 한다. 즉 긍정적 예측이라고 하더라도, 그 과도기의 시기 동안 결국 AI는 신입 사원의 일자리를 대체하는 것부터 시작할 것이다. 그러면 기업에서는 주니어급 인력이 양성될 수 있을 기회가 없어지는 것이고, 수년 뒤에는 자연스럽게 시니어들만 남게 되어 시니어들이 주니어의 업무까지 하거나(아마 이런 일은 없을 것이다) 그 시기가 도래하기도 전에 AI가 모든 노동을 대체할지도 모른다.

문제는 여기서 시작된다. 매우 운이 좋은 시나리오로 AI 기술이 아주 착하게 모든 인류의 노동을 대체하게 된다면, 그래서 인류의 생존을 위해 노동을 할 필요가 없게 된다면, '사람은 무엇을 위해 살게 될까'?

조금만 생각해 보면 이 질문이 궁극적으로 그 시대가 도래하기 전, 지금의 우리에게도 꽤 중요한 답을 가져다주리라는 것을 알 수 있다. 모두에게 통용되는 '답'은 이제 의미가 없어졌다. 유행을 따라가기에는 너무 산발적이라 그저 내가 뚝심 있게 밀고 나가는 것이 그 자체로 유행이 되어버렸다. '나'라는 사람이 누구인지에 대해서 AI나 디지털 세상과 무관하게 한발 떨어져서 생각할 수 있는 환경을 계속 만들어서 '주도권'을 잃지 않는 것이 무척 중요한 세상이 된 것이다.

AI 기술이 점점 발전함에 따라, 일부 연구자들의 말처럼 우리는 이 모든 기술의 고도화를 특정 시점에서 멈출지, 혹은 끝까지 갈지를 결정해야 하는 순간이 올 수도 있다. 그 결정의 순간은 모두가 알게 될 수도 있고, 혹은 어느 날 갑자기 우리의 삶에 AI 서비스가 찾아온 것처럼 결정도 소수에 의해 진행될 수 있다.

수많은 불확실성 가운데, 우리가 예측을 하려고 시도하는 것조차 그리 큰 의미가 없을 정도로 시대는 급변하고 있다. 이 시대에 '사람'으로서 우리는 수천 년간 인류를 지탱해 온 우리만의 컴퓨터, 바로 '뇌'에서부터 그 주체성을 유지하기 위한 노력을 시작해야 한다. 뇌는 아직 그 기작機作이 명확하게 밝혀지지는 않은 기관이다. 그럼에도 우리가 알고 있는 것은 고대에서부터 DNA를 통해 '생존과 적응'에 대한 키를 물려받았다는 사실이다. 실제로 뇌에도 이와 대응하는 신경 가소성이 있다. 어릴 때만 뇌가 성장하고, 새롭게 발달하는 것이 아니라 나이가 들거나 심지어 노년의 뇌에서도 뇌는 여전히 스스로 성장하고, 회복할 수 있다. 즉 태고에서부터 전승된 '지혜'를 찾는 것이 우리가 '인간'으로서 AI와 구분되기 위한 시작점일 것이다.

나를 찾기 위해 디지털 디톡스를 원하는 세대

이렇게 디지털 세상과 '나'를 분리하고 싶다는 것은 이미 젊은 세대에서 열풍처럼 일어나고 있다. 이들 세대는 태어나면서부터 줄곧 디지털과 이어진 세상을 살아왔지만, 본능적으로 그 환경에서 이질감을 느끼며, 디지털과 무관한 '나' 자신을 알고 싶다는 열망을 하게 된 것이다.

영국 표준연구소의 조사에 따르면, 16~21세 청년들의 46%가 인터넷이 없던 시대에 살고 싶다고 응답했다고 한다. 저 나이대의 청년들은 태어날 때부터 스마트폰이 존재했던 이들이다. 태어날 때부터 어디에서든지 인터넷에 접속하고 연결되어 있던 세대가 역설적으로 디지털 시대에서 멀어지고 싶다는 염증 반응을 표했다는 점이 주목할 만한 부분이다. 특히 응답자의 70% 정도는 SNS를 사용한 뒤에 기분이 나빠진다며, 오히려 디지털 통금시간이 있는 것도 좋겠다고 응답했다고 한다.

영국뿐만이 아니다. 미국과 독일에서 디지털 세대들에게 조사를 했을 때에도 동일한 설문 결과가 나타났다고 한다. SNS에 삶의 모든 순간들이 공유되고, 남들이 살아가는 것을 언제나 볼 수 있고, 보게 된다는 것은 생각보다 언제나 즐거운 일은 아니다. 'SNS에 포스팅 하는 순간은 인생의 스포트라이트 장면'이라는 말이 있다. 우리는 살아가면서 스포트라이트를 받는 빛나는 순간도 있지만, 반대로 너무 부끄러워서 아무에게도 알리기 싫거나, 슬프고 화가 나는 순간도 있다. 그러나 SNS에는 모두가 빛이 난다. 게다가 실제보다 더 화려하게, 멋져 보이게 올리는 곳이 SNS이다. 그렇다 보니 이는 올리는 사람이나 보는 사람이나 모두에게 좋지 않다. 올리는 경우에도, 수많은 하트와 댓글을 받아도 무작정 기쁘기보다는 완전한 나의 진짜 모습이 아니기에 다소 공허하다고 느껴질 때가 많다. SNS를 보는 이들의 경우에는 방에 가만히 앉아서 지인들의 화려한 모습을 보면서 초라함을, 부끄러움을, 씁쓸함을 느끼기도 한다. 마치 가면무도회처럼, 모두가 화려하게 웃고 있지만, 속은 다 다르고 심지어 곪아 있는 것이다.

그래서인지 요즘은 격렬한 변화와 유행이 소용돌이치는 디지털 세상의 한가운데에 존재하면서도 그 반대급부로 디지털 세상에서 멀어지고자 하는 움직임이 일어나고 있다. 즉 단순히 휴대폰을 해지하고 영원히 보지 않는 것이 아니라, 디지털 세상 속에서 살아가면서 동시에 잠시 멈추는 순간을 가진다는 것이 인상적이다. 마치 배터리를 다 쓴 전자제품이 충전의 시간을 거쳐야 다시 사용할 수 있는 것처럼 말이다.

특히 최근에는 "Swap screen time for real time"이라는 캐치프레이즈의 '오프라인 클럽'이 2024년 네덜란드에서 처음 시작되었다고 한다. 네덜란드 암스테르담에서 시작된 이 클럽은 아예 디지털 기기를 사용하지 않는 모임을 만들고, 워크숍을 열어서 디톡스 휴식을 취한다.

한편 실제로 이렇게 디지털 디톡스를 수행하려는 의지를 가지고 있는 이들 중, 실제 수행 단계에서 75% 정도는 포기를 하게 된다고 한다. 실천까지는 어려움이 있음에도 여전히 이러한 디지털 디톡스는 현대 사회에서 점점 그 필요성이 증대되어 가고 있다.

주된 이유 중 하나는 스마트폰, 특히 SNS를 과하게 사용하면 우울이나 불안, 스트레스, 수면장애, 중독에 해당하는 심각한 정신건강 악화가 초래되기 때문이다. OECD는 15년간 젊은이들의 정신건강이 급격히 나빠지고 있다며 경고하고 오프라인으로 돌아가는 것을 권고했다. 그도 그럴 것이, 스마트폰을 3주만 사용하지 않는다고 하더라도 이 우울은 27%가 감소한다고 한다. 또한 인지저하까지 막아준다고 한다. 게다가 FOMO, 즉 단절에 대한 두려움 때문에 SNS를 더더욱 멈추기 어려운 요즘 세대들은 오히려 인터넷을 끊게 되었을 때 행복감이 증가한다고 한다.

노동 종말 시대, 사람은 어떻게 살아야 할까

'인간다움'에 대해 학자들은 '자율적이고 합리적인 동등한 주체', '공적 세계에서 행위하는 자유로운 존재' 등으로 정의

했다. 그렇다면 AI가 지금처럼 조금씩 인류의 일자리를 대체해서 마침내 완벽하게 대체하는 '노동 종말'의 순간이 온다면, 그때 인류의 일을 대신 하고 있는 AI는 과연 '인간답다'고 할 수 있을까.

AI를 비롯한 기술들이 어떻게 발전하게 될지 5년 뒤도 예측하기 어려운 이 과도기에도 우리는 이미 AI와 자신의 역량을 비교하고 미래를 가늠해 보고 있다. MZ 세대를 대상으로 설문을 했을 때, 대부분은 이미 AI에게 '도와줘', '감사합니다' 등의 예의와 존중을 갖춘 표현을 사용하며 단순한 기계장치를 대하는 것을 넘어섰다고 한다. 25% 정도는 이미 AI는 스스로 의식을 가지고 있다고 믿고 있고, 57%는 스스로가 AI에 비해서 창의력이 떨어진다고 답했다. 절반가량이 이메일 보내기 같은 사소한 업무까지도 AI를 이미 활용하고 있고, 친구나 상담사 그리고 로맨틱한 관계까지로도 사용하고 있다고 한다.

미래에 AI가 인간의 삶에 얼마나 깊숙이 결탁할지는 예측할 수 없다. 어쩌면 지금의 SF 영화에서 많이 나오듯, 어느 순간이 되면 외부 기기를 통해 AI를 사용하는 단계를 넘어서 우리가 AI와 물리적으로 결합하는 것이 일상처럼 찾아올지도 모른다. 그리고 그런 세상이 왔을 때, 인간에게 허락된 '인간다움'의 정의는 AI 장치가 없는 인간에게만 해당할지, 혹은 AI와 연결된 사람, 더 나아가 AI까지도 확장될지는 과학기술을 넘어 이 순간을 살아가는 우리들이 지금부터 미리 생각해 보아야 할 문제일 것이다.

이 광활한 우주에, 아직 알려진 바로는 지구라는 행성에 유일하게 지적 생명체가 존재한다. 그리고 우주의 역사에 비견하면, 한 사람의 생애는 티끌처럼 찰나에 불과하다. 이때 사람은 무엇으로 살아야 하는가라는 근본적인 질문이 이 혼란의 시대에 답이 될 것이라 믿는다. 자발적이거나, 혹은 사회에 의해서거나 일자리, 그리고 일을 한다는 것에 대한 관념은 크게 변화할 것이다. '돈을 벌려고'와 같은 수단만으로는 일은 가치를 가지지 못하고, 오히려 목적으로서 충족될 수 있을 일을 선택하는 방향으로 일자리에 대한 인식이 변화하고 있고, 앞으로는 더욱 그러하리라 생각한다.

이와 결부되어, 자신에 대한 고찰이 증가하는 세상이 될 것이다. 그리고 우리의 상상력 범주를 훌쩍 뛰어넘는 혁신적인 일들이 세상을 바꾸어 나갈 것이다. 그럴수록 사람들은 오히려 '사람 답기 위한 삶'이 무엇일까 고민하게 될 것이다. '인간성'이라는 단어에서 알 수 있듯이, 사람이 '사람'으로서의 존재성을 포기하지 않는다면 우리는 앞으로도 여전히 인간답기를 원하지 않을까 생각한다.

더욱 연결되고, AI가 닿지 않는 곳에서 진짜 진실을 나누는 장이 만들어질 것이다. 지금의 도덕, 가치의 혼란스러운 충돌, 가짜와 진짜의 혼재와 환각 속에서 오히려 '진짜'가 무엇인지가 가장 중요해지는 세상이 올 것이다. 기술의 이기 속에서도 사람이 여전히 사람냄새 나기를, 나는 바란다.

과학과 우리, 그리고 세상

'슬픈배달증후군'이라는 말이 있다. 주로 1인 가구에서 배달 음식을 시킬 때, 시키는 과정부터 음식이 도착할 때까지는 기대와 즐거움으로 가득 차 있지만, 막상 음식을 먹기 시작하고, 치우고 버리는 과정에 도달해서는 허무와 우울, 후회까지도 느끼게 된다는 최근 등장한 사회적인 밈이다.

여기에서의 감정의 급격한 변화는 배달 음식에 대해서 단순히 한 끼 식사를 해결하는 수단이라기보다는, 배달 음식을 사회와 나의 연결고리로 인식했기 때문이 아닐까 한다. 배달 앱을 통해서 다양한 음식점에서 판매하는 메뉴들을 확인하고, 주문한 음식을 배달원이 픽업해 배달해 주는 걸 기다리는 순간들은 모두 집에 있음에도 사회적인 관계들을 저절로 떠올릴 수밖에 없는 상황들이다. 그러나 배달을 받은 직후부터는 그런 관계성은 사라지고 '나'만이 남는다. 그렇기 때문에 더 큰 공허함과 외로움을 느끼게 되는 것이다.

혼자에서 연대하는 삶까지

혼자이지만 여전히 사회와의 연결을 원하고 필요로 하는 경우는 이 외에도 많이 찾아볼 수 있다. 가족도, 친척도 없어서 별다른 이웃의 왕래 없이 혼자 사는 노인들에게는 일부러 신문이나 우유를 구독하도록 권장한다고 한다. 물론 적적하기 때문에, 그리고 끼니를 잘 챙겨 먹기 위해 구독을 하는 본연의 목적도 있을 것이다. 그러나 만약 그 집에 신문이 10부 이상 쌓이고, 우유가 유통기한을 넘길 때까지 우유 배송함에 들어있다면, 그것은 명백한 이상신호이고 그 노인의 집을 방문해서 확인해 보아야 할 이유가 될 것이다. 어찌 보면 사회와의 연결과 단절을 밖에 쌓여있는 우유나 신문으로 간접적으로 알아채야 하는 다소 삭막한 현실의 현주소이기도 하다.

1인 가구는 전체 가구수 대비 2000년 기준 15.5%에서 2024년 기준 36.1%로 늘어났다. 2배 이상이 증가한 것이다. 그만큼 일자리에서의 시간 이외의 많은 시간들을 혼자서 보내게 되는 이들이 많아졌다. 이들은 혼자 지내는 것의 편안함과 여유로움을 즐기지만 한편으로는 집에 들어가면 사회와의 완전한 단절도 가능하게 되었다.

그러나 어떠한 형태나 방식으로든, '집단 친밀'을 유지하는 것이 살아가는 데에는 큰 힘이 될 수 있다. 남극에 사는 펭귄들은 무리 지어서 공동 육아를 하는 것으로 유명하다. 펭귄 부모들은 아기 펭귄을 두고 몇 주간 집을 비우게 된다고 한다. 그럴 때면 그 그룹 내의 아기 펭귄들은 '집단탁아소'처럼 한데 모여서 몸을 따뜻하게 유지한다고 한다. 심지어 눈을 가리고 탁아소에서 일정 거리를 떨어뜨려 놓더라도, 같은 탁아소 출신 펭귄들과 만나서 같이 돌아올 수 있다고 한다.

비단 펭귄뿐만 아니라, 사람에게도 이런 온기는 필요하다. 그러나 타인을 믿기 어려워진 각박한 사회에서, 외로움을 감수해서 얻는 안정감을 더 중요시 여기게 되며 자연스레 1인 가구가 증가하는 것 역시 부정하기 어려운 흐름이다. 이에 대해 사람은 아니지만 사람과 교류하듯 친밀을 쌓을 수 있을, HRI 기술이 우리의 필요에 발맞추어 개발이 되고 있다. Human-Robot Interaction의 약어인 HRI는 사회적 로봇, 퍼스널 로봇을 만들기 위한 연구를 하고 있다. 즉 마치 개인 비서이자 친구처럼, 개인적인 이야기나 일정에 대해 잘 알고, 많은 시간과 경험을 통해 축적된 데이터를 바탕으로 사람과 사람 사이의 맞춤형 '연결'을 할 수 있도록 도움을 주는 기술이다. 만약 내가 이 HRI 기술을 적용한 로봇을 사용한다면 로봇이 '다음 달에는 어디에서 어떤 강연이 있으니까 기차표를 미리 예매해 두면 어때?', '어머니께 오늘 연락을 안 드렸는데 안부 연락을 이따 저녁때 드리면 어때?'라는 식으로 나의 일상 패턴을 파악해서 맞춤형 큐레이팅을 해주게 되는 것이다.

사회적 고립을 극복하는 현명한 방법

바쁘게 현실을 살아가다 보면 우리가 살고 있는, 심지어는 쳇바퀴 돌듯 돌아가는 환경이 우리 모두가 동일하게 경험하는 사회일 것이라고 생각하기 쉽다. 나 역시도 학교에서, 일터에서 그런 기분을 느꼈으니 말이다. 그러나 강연이나 모임을 통해 정말 다양한 연령과 환경을 살아가는 이들을 마주하면서 각자가 경험하는 환경과 세상이라는 틀은 무척 다르다는 것을 깨달았다. 특히 요즘 2030세대의 경우 사회적 고립문제도 심각한 사회문제로 대두되고 있다. 정도는 조금씩 다르더라도 심리적으로 어려움을 겪는 이들이 가까운 주변에도 종종 있다. 결국 사회를 살아가며 다양한 환경과 사람들과 함께 살아가다 무언가로 상처를 받고, 연결고리를 끊어버리고 숨어버리는 일이 요즘 세상에는 생각보다 많다. 사회적 고립까지는 아니어도 요즘 사람들은 떠들썩하게 모이고 함께 공동생활을 하는 것보다 1인 가구를 선호한다. 혼자만의 시간을 필요로 한다는 것이다. 대학교에도 기숙사 신청을 하면 가장 먼저 차는 방은 1인실이다. 다인실은 가격이 저렴해도 비교적 후순위로 밀리는 듯하다.

곰곰이 생각해 보면 이처럼 많은 이들이 '혼자만의 시간'을 원하는 이유는 결국 '사람'인 듯하다. 아이러니하게도 사람들은 사회 속에서 사람들과의 교류에서 얻는 유대와 공감의 정서를 바라면서도 역설적으로 사람에게서 잠시 떨어지고 싶은 욕구를 동시에 가진다. 여러 가지 사회적 상황 속에서 겪었던 일로 트라우마를 호소하고 혼자를, 고립을 택하는 현대인들이 많다. 그래서 세계적으로도 이러한 '트라우마'를 어떤 식으로 치료하고 극복할 것인지에 대한 많은 연구가 진행되고 있다.

트라우마는 오래전 경험한 사건임에도 현재에 그 기억을 상기시킬 만한 아주 작은 무엇인가라도 있으면 현재도 그 당시의 기억과 감정을 생생하게 경험하게 되는 현상이다. 한마디로, 사회에 대한 왜곡된 렌즈를 끼고 살아가게 된다고도 생각할 수 있다. 트라우마는 크게 세 가지, 뇌의 편도체, 해마, 전두엽 피질을 손상시킨다. 첫 번째로, 편도체는 감정을 인지하고 조절할 수 있는 기관이고, 트라우마는 이 역할을 과하게 수행하도록 한다. 두 번째로, 해마는 기억과 학습을 관장하는 중추인데 트라우마가 생기면 이 해마의 부피가 줄어든다. 그래서 실제와 트라우마 기억 사이의 구분 능력이 떨어지게 되며, 트라우마 기억을 위협이라고 간주하게 된다. 마지막 세 번째로, 전두엽 피질은 높은 수준으로 사고하고 추론하는 기능을 수행하는데, 트라우마가 있다면 감정에 합리적으로 반응하는 기능이 억제되면서 두려움을 통제하는 것이 불가능해진다.

뇌의 여러 부위가 손상이 되고, 현실을 명확하고 객관적으로 인지하는 데 큰 장애물이 되는 이 트라우마에 대해서 미국에서는 무척 적극적으로 EMDR이라는 치료법이 시행되고 있다고 한다. 미국 심리학자인 '사피로 박사'가 만든 이 치료법은 2004년 미국정신의약회의 승인을, 2013년 세계보건기구(WHO)의 승인을 받으며 현재까지 PTSD, 즉 트라우마에 가장 효과적인 치료라고 알려져 있다. 이 EMDR은 안구 운동을 통해서 트라우마 기억을 치료하는 방식인데, 이것이 가능한 이유는 뇌의 '신경 가소성' 때문이다. 뇌는 손상을 입더라도, 그 상태에서 새롭게 신경세포를 연결 지어나가면서 정상적인 기능을 다시 찾아갈 수 있다. 그렇기 때문에 적절한 치료를 통해 바른 기능으로 나아가는 방향을 제시하고, 왜곡된 기억과의 연결고리를 잘 정리해 준다면 정상적인 삶을 사는 것에도 도움이 된다.

나 자신이 사회와 세상과 함께 살아갈 수 있게 나의 내면 점검부터 사회로 나아갈 수 있을 채비까지, 모든 부분을 과학은 전심전력을 다해 도와주는 것이다. 이는 '과학의 사회적 책임'과도 맞닿아 있다.

과학기술의 사회적 책임에 대해 생각할 때면 머릿속에 떠오르는 한 삽화가 있다. 집 앞마당에 100년 전에 묻어둔 보물을 찾으려고 집 주인이 땅 파는 인부를 고용했다. 이 인부는 아주 성실해서 땅을 그저 열심히, 아주 깊게 파기만 한다. 본인이 왜 땅을 파는지, 무엇을 위해 파는지는 알지 못한 채로 말이다. 나는 이 삽화를 보며 결국 궁극적인 목적, 즉 땅을 파는 이유는 '보물'을 얻기 위함이라는 걸 잊으면 안 된다고 생각했다. 자세히 설명해보자면 두 가지 다른 맥락으로 해석할 수 있다. 첫 번째로, 결국 땅을 파는 일은 '보물'을 찾기 위함이다. 과학을 열심히 공부하는 것은 무척 좋다. 그러나 그 지식이 삶과 어떻게 연결되는지에 대해서 한 발짝만 더 생각한다면, 바로 지척에 있던 보물을 얻을 수 있을 것이다. 그렇게 되면 스스로도 땅을 열심히 판 목적과 의미를 찾을 수 있지 않을까 생각한다. 두 번째는 땅을 파기 시작할 때의 자세가 중요하다. 혹시 이미 있는 구덩이와 보물을 어떻게 연결 지을 수 있을지, 혹 다른 보물은 없을지 고민해야 한다. 쉽게 말해 새로운 과학·공학 기술을 개발하는 과정에서도 이 기술의 사회적 가치나 의미를 생각해야 한다는 것이다.

과학기술은 따뜻한 울림을 세상에 전달해 주는 것이 그 목적이다. 불이 인간에게 따뜻함을, 맹수에게서 이기는 힘을 주었고, 비료가, 증기기관이, 컴퓨터가, AI가 세상을 바꾸어 나가는 것처럼, 과학기술이 바꾸어 나가는 세상을 살아가며, 그 과학기술에 대해서도 관심을 갖는 것이 중요한 이유이다.

우리 그리고 세상을 잇는 과학

"지금 휴대전화 가지고 계신 분?"

강연을 시작할 때, 나는 종종 이 질문을 던진다. 그러면 질문이 끝나기 무섭게 거의 모두가 손을 든다. 하지만 뒤이어, 사용하는 휴대전화의 카메라나 들어가 있는 반도체 칩에 대해서도 알고 있는지 물어본다면 거의 대부분 손을 내린다. 이런 경우도 있었다. "산불이 더 자주, 크게 나는 건 지구온난화 때문인데요"라는 나의 말에, 지구가 더워지는 것과 산불이 연관되었다고는 생각해 본 적 없다며 깜짝 놀라던 청중들의 반응이 아직도 생생하다.

꽤 오랫동안 나는 어떤 과학을 말하고 싶은지에 대해서 생각했다. 보다 구체적으로는 과학 커뮤니케이터 울림으로서 어떤 이야기를 할 것인지를 고민했다고 이야기할 수 있을 것 같다. 그도 그럴 것이, 세상에는 과학을 소재로 이야기하는 사람들은 무척 많다. 학교에서 과학을 가르쳐 주는 선생님들도 있다. 과학적인 일상 속 내용이나 최신 연구 동향을 기사로 작성하는 기자님들도 있다. 과학과 관련된 정책이나, 행정적인 업무를 하시는 수많은 사람들도 있다. 그 외에도 과학을 실험으로, 작품으로 승화하는 사람들 등 '과학'이라는 하나의 소재로 파생된 무척이나 많은 직업과 일들이 이 세상에는 존재한다.

이토록 수많은 곳에서 과학에 대해 이야기를 듣지만, 많은 이들은 여전히 과학은 항상 삶과는 조금 멀리 떨어져 있고 이해하기도 복잡하고 어렵다고 말하며 지레 멀리해 버리고 마는 경우를 꽤 들었다. 그걸 해소해 보고자 나는 과학을 전달하는 다양한 방식 중, 사회와 일상에서 몸으로 직접 겪는 과학을 이야기하고자 했다. 우리가 무척이나 편리하게 사용하고 있으면서도 그 원리나 배경에 대해서는 간과하고 있는 많은 것들에 대해서 알려주고 싶었다.

쉽게 말하면 이 맥락은 '과학의 가치중립성과 과학자의 사회적 책임'과 맞닿아 있다. 과학자가 개발한 과학기술이 사회에서 어떻게 사용될지는 확언할 수 없다. 즉, 과학기술 그 자체는 어떠한 방향으로도 활용이 가능한 무궁무진한 잠재력을 가지고 있다. 그 과학기술을 사회에서 어떻게 활용할지는 전적으로 과학자나 공학자, 내지는 사회에서 그 기술을 다루는 이의 역량에 달려 있다.

이때 그 과학기술을 개발한 바로 그 과학자나 공학자, 혹은 그 분야에 정통한 전문가 들은 그 기술 자체에 대한 이해도를 높이기가 그리 어렵지 않을 것이다. 그러나 전공자도 아니고, 그에 대한 과학적인 원리를 접할 기회가 없었다면 고도화된 과학기술을, 심지어 전공 용어로만 처음부터 설명해 나간다면, 맥락을 충분히 잘 이해하기란 무척 어려울 것이다. 그리고 과학은 너무 어렵다고 느끼는 벽이나 선입견이 어쩌면 더 커질지도 모른다.

특히 AI를 비롯한 4차 산업혁명을 선도하는 여러 과학기술들, 그리고 급변하는 기후 변화의 양상과 원인, 대응 방안까지. 고도화되어 있기에 쉬운 이야기로 풀어야 하는 주제들이 근래 급증하고 있다. 이뿐만 아니라, 우리가 일상에서 마주하는 다양한 일들도 실은 과학적으로 그 원리까지 알지 못하고 임할 때가 많다. 이러한 모든 순간들을 먼저 알아보고 이해해서 쉽게 알려주는, 마치 통역가와도 같은 일을 누군가 해야 한다고 생각했다. 그러던 중 감사히도 내게 그 일을 할 여건이 주어지게 되었다.

과학은 다양한 사회적 현상과 깊이 맞닿아있다. 심지어 그렇지 않다고 생각하거나, 전혀 짐작조차 하지 못했던 요소이더라도 알고 보면 깊은 연관성이 있는 경우가 대부분이다. 사람과 사회, 과학은 아주 촘촘한 거미줄 같은 연결관계가 있다. 이 책을 통해서 나는 독자들이 조금이나마 삶과 과학이 연결될 수 있다는 것을, 그리고 그 즐거움과 유익을 깨닫기를 바란다. 학창 시절 어려운 문제를 풀 때를 생각해 보면, 답지가 없을 때와, 그래도 답지를 옆에 펼쳐놓고 문제를 풀 때의 체감 난이도는 천지차이였을 것이다. 이 책이 삶을 과학으로 이해할 수 있는 조그마한 정답지가 되어주었으면 한다. 그리고 이를 통해 사회에서의 우리가 조금 더 '잘' 살아갈 수 있기를 바란다.

나가며

저마다의 색깔은 다를지라도, 모두에게 삶은 무척이나 소중할 것이다. 심지어는 오늘의 내 모습이 마음에 들지 않거나 혹은 자포자기하고 싶더라도, 그걸 변화시킬 수 있을 아주 작은 계기만으로도 우리는 여전히 나아갈 힘을 얻기도 한다.

그 아주 작은 계기가, 과학이라는 필터를 통해 세상을 바라보는 데에서 발견한 팁에서부터 시작되기를 바라며 이 책을 써 내려가게 되었다.

고백하자면, 이 책은 지난 몇 년간 내 삶의 면면들을 담뿍 담고 있다. 20대 후반을 살아가는 한 사람이자, 과학을 사회에 알려나가고 싶은 열정을 가지고 꿈을 꾸는 '드리머'이자, 동시에 현실을 살아가며 연구도 하고, 일도 하며, 친구들과 놀러 다니기도 했던 나의 여러 모습이 담겨 있다.

꿈을 향해 달려가는 길에 때로는 예상한 것보다 더 좋은 결과에 깜짝 놀라기도 했다. 변수가 없다고 생각했던 여정에 찾아온 막다른 길 앞에서 좌절하며 돌파구를 찾기 위해 말 그대로 '삽질'하던 나날들도 있었다. 유쾌하게 신이 나서 배꼽을 잡고 박장대소하던 날들, 무언가 될 것 같고 하고 싶은 일들에 열정을 불태우던 날들, 너무 피곤해서 거의 눈을 감은 채로 동트기 전 어스름한 새벽에 집을 나서던 날들, 할 일이 쌓여 있는데 일단 쉬고 생각하자며 '땡땡이' 치던 날들, 뭘 해도 안 될 것 같은 두려움에 빠져 다 던져버리고 도망치고 싶던 순간들까지 진폭도 다양하고 장르도 다양한 많은 일들이 삶을 총천연색으로 채워나갔다.

나만 그랬던 것은 아니었던 것 같다. 최근 몇 년간 세상은 말 그대로 '천지개벽'했다고 봐도 과언이 아니다. 우리가 알던 모든 가치의 순서가 자고 일어나면 전복되던 순간들이 얼마나 많았는지 모른다. 거친 물살 속에서 어떻게든 버티려 굳은 정신력으로 '중꺾마(중요한 것은 꺾이지 않는 마음)'를 외치며 자신을 몰아세우다가, 그 모든 노력을 무력화시켜 버리는 세상의 변화들로 허탈했던 순간들이 빈번했다. '코딩이 미래다'라며 모두가 프로그래밍을 배워야 할 것 같은 세상에서 AI의 등장으로 한순간에 패러다임이 바뀌었고, 당연하다고 생각되던 내일은 조그마한 바이러스만으로도 무너질 수 있다는 것을 우리는 뇌에 각인시킬 수 있었다.

어느 시기든 그러지 않았겠느냐마는, 우리가 살아가고 있는 지금의 순간은 실로 바다 위의 부표처럼 계속 변화하고 불안정함을 인정해야 하는 것이 아닐까 생각했다. 최근 몇 년은 개인적으로도 삶의 가치에 대해 생각할 수 있는 시간이었고, 누군가에게 진로의 방향성을 알려주는 진로 멘토링을 마치고 돌아오는 길에서는 역설적으로 나의 진로에 대해 치열하게 고민하는 시간을 가지는 나날들이기도 했다.

그러한 고민 끝에 내린 나 자신에 대한 답은, 나는 내게 주어진 일을 하겠다는 것이었다.

초등학교 시절부터 과학을 알리는 사람이 되고 싶다는 꿈은 있었지만, '꿈은 꿈일 뿐이고 현실을 살아야 한다'는, 흔히 들을 수 있는 조언들 앞에서 나는 현실을 살아가는 데 많은 힘을 쏟고 있었다. 열심히 공부하고, 좋은 학교와 직장에 가고자 노력하고, 행복한 여가 생활을 보내는 것에 말이다.

현실을 나름 행복하게 살아가던 어느 날, 버킷리스트 1위였던 융프라우 등산을 가게 되었다. 컴퓨터 배경화면에서 보던 광경들이 눈앞에 실재하는 나날들에 감격하던 나는 문득 배경음처럼 들려오던 이상한 소리에 귀를 기울이게 되었다. 갑작스레 더워진 날씨에 거대한 얼음들이 녹아 떨어지는 소리였다.

그 소리의 정체를 알게 되고 직후에 섬광처럼 머리를 스쳤던 건, 초등학교 시절 기후변화에 대한 수업을 들으며 과학을 알리는 과학자가 되겠다고 다짐하던 나의 어린 모습이었다. 그것을 계기로 나는 과학 커뮤니케이터의 길을 걷게 되었다.

우리는 무의식적으로 내일이 담보된다고 생각하는 듯하다. 그래서 우선순위를 매기며, '이건 나중에 해'라고 다음으로 미뤄버리고는 한다. 그러나 내일은 담보되지 않는다. '오늘을 바꾸는 것'만이 우리가 할 수 있는 '보장된 것'이다. 하고 싶은 꿈, 이루고 싶은 일들이 현실감이 없다고, 혹은 여러 이유로 미루어 두고 시작조차 해보지 않는다면 바꿀 기회조차 얻지 못하는 것이다.

그 지점에서 나는 일상이나 나 자신, AI나 기후변화와 같은 '오늘을 바꾸어 나갈 수 있을 과학'을 이야기하는 과학커뮤니케이터가 되어야겠다고 생각했다. 특히 과학과 기술은 삶과 밀접하게 맞닿아 있기에, 막막하거나 왜 이렇게 변화하는지 모르는 것투성이인 삶을 설명해 줄 수 있는 답도 과학에서 찾을 수 있지 않을까 생각했다. 그리고 그 이야기를 책으로 담아야겠다는 꿈을 가지게 되었다.

이를 위해서 먼저 삶에 대한 많은 이들의 이야기를 들어 보고 싶었고, 내가 보는 세상에 대한 관점을 확장해 나가고 싶었다.

감사하게도 나는 과학 커뮤니케이터로 살아가며, 한 달에만 거의 30명이 넘는 이들이 새롭게 연락처에 추가되고 있었고 나이도, 직업도, 가치관도 제각각인 수많은 분들과 이야기 나눌 기회가 주어졌다. 그들의 이야기를 들었고, 혼자서 과학의 언어로 치환해 보는 생각들을 이어나갔다.

가족들과 친구들에게도 몹시도 많은 이야기를 물어댔다. 과학 이야기를 쏟아 내고, 정말 삶에서 궁금했던 이야기인지 평소에 과학적으로 궁금했던 건 없었는지도 물어보았다.

많은 이들이 정말 감사하게도 과학을 어떻게 전달할지 고민에 빠져 과학 질문을 쏟아 내던 나를 떠나지 않고, 응원해 주며, 책을 빼곡히 채울 수 있을 정도로 많은 삶을 나누어 주었다. 이 자리를 빌려 고개 숙여 감사하다는 이야기를 전하고 싶다. 이 책은 그들 덕에 나올 수 있었다고 생각한다.

세상을 알기 위해서도 많은 노력을 했다. 역시 과학 커뮤니케이터라는 사실이 세상을 아는 데도 무척 큰 영향을 끼쳤다고 생각한다. 인생 선배님이라고도 할 수 있을 무척 다양한 분들을 만나고 그들의 삶의 이야기를 들으며 나의 삶에도 적용해 보기도 하고 조언을 구하기도 하며, 세상을 바라보는 관점이 몇 년 전과 비교하면 무척 확장되었다는 것을 느꼈다.

세상을 들썩이게 했던 유행들도 열심히 배웠다. 트렌드를 잘 알기 위해 내가 아는 가장 트렌디한 친구들에게 각종 유행을 전수했다. 그저 유행에 탑승하는 것이 아닌, '그게 왜 유행이야?'라고 묻던 내게, 어떻게든 이유를 설명해 주려 애써준 모든 분들께도 감사인사를 전한다.

뉴스를 보고, 다양한 나라의 사람들과 교류하며 세상의 이야기에 귀를 기울였다. 세상을 살아가며 하게 되는 여러 가지 선택들을 어떤 이유에서 하게 되는 것인지, 사회가 앞으로 어떻게 변할 것인지에 대해서도 함께 이야기를 나누었다. 우리의 미래를 설명할 수 있는 과학적인 '기작'을 고민하는 나날이 나의 몇 년을 가득 채웠다.

어떤 삶을 살아야 좋은 것일까?

조금 더 어릴 때는 답을 낼 수 있다고 생각했지만, 또 지나고 보니 여전히 어려운 질문이라고 생각한다.

그러나 작은 세포들이 모여 우리의 몸을 이루듯이, 결국 우리의 삶은 우리의 오늘이 쌓여 이루어지는 것이다. 그렇기에 오늘 하루를 바꾸어 나간다면, 우리가 원하는 미래 더 나아가 궁극적으로 우리가 원하는 삶을 살았다고 말할 수 있게 되지 않을까?

이 자리를 빌려, 나는 과학으로 풀어낸 이 책의 모든 꿀팁과 앞으로 더 얻게 될 많은 팁을 나부터 언제나 실천하며, 모두의 오늘이 더 나아지도록 바꾸어 주는 과학을 알리는 데에도 열정과 최선을 다해 노력하겠다는 다짐을 적어본다.

결국 함께 살아가는 세상이다. 우리가 과학의 도움으로 함께 바꾸어 나가는 오늘이 모두에게 더 나은 세상을, 삶을 만들어 줄 수 있을 것이라고, 순전한 기대와 믿음을 보내본다.

오늘을 바꾸는 과학

초판 1쇄 찍은날 2026년 3월 25일
초판 1쇄 펴낸날 2026년 3월 31일

지은이 울림
펴낸이 한성봉
편집 최창문·이종석·오시경
콘텐츠제작 안상준
디자인 최세정
마케팅 오주형·박민지·이예지·정효인
경영지원 국지연·송인경
펴낸곳 도서출판 동아시아
등록 1998년 3월 5일 제1998-000243호
주소 서울시 중구 필동로8길 73 [예장동 1-42] 동아시아빌딩
페이스북 www.facebook.com/dongasiabooks
전자우편 dongasiabook@naver.com
블로그 blog.naver.com/dongasiabook
인스타그램 www.instagram.com/dongasiabook
전화 02) 757-9724, 5
팩스 02) 757-9726
ISBN 978-89-6262-700-8 03400

만든 사람들

디자인 최세정
본문조판 김경주
크로스교열 안상준